基于最小风险的 Bayes 阈值选取准则算法及实现

于传强　樊红东　唐圣金　著

科学出版社

北京

内 容 简 介

本书分为 6 章。第 1 章介绍传统的基于最小错误概率的阈值选取准则。第 2 章介绍贝叶斯基本理论。第 3 章描述基于最小风险的贝叶斯阈值选取准则及其实现方法,提出一种实时加权先验概率求解算法。第 4 章讨论基于核密度估计的非参数分布密度估计算法,包括基于估计点的滑动窗宽核密度估计算法、基于估计点的滑动双窗宽核密度估计算法、基于估计带的滑动窗宽核密度估计算法及基于迭代的窗宽优化算法,并给出基于估计点的滑动窗宽的核密度估计性质及其证明。第 5 章对基于最小风险的贝叶斯阈值选取算法进行实例验证。第 6 章提出一种基于贝叶斯准则的支持向量机。附录是书中涉及算法的源程序。

本书适合高等院校系统检测与诊断专业的研究生使用,也可作为该领域科研人员的参考书。

图书在版编目(CIP)数据

基于最小风险的 Bayes 阈值选取准则算法及实现/于传强,樊红东,唐圣金著.—北京:科学出版社,2018.4
　ISBN 978-7-03-055512-0

Ⅰ.①基…　Ⅱ.①于…②樊…③唐…　Ⅲ.①总线-计算机仿真-测试
Ⅳ.①TP391.97

中国版本图书馆 CIP 数据核字(2017)第 281408 号

责任编辑:魏英杰 / 责任校对:桂伟利
责任印制:张　伟 / 封面设计:陈　敬

科 学 出 版 社 出版

北京东黄城根北街 16 号
邮政编码:100717
http://www.sciencep.com

北京中石油彩色印刷有限责任公司印刷
科学出版社发行　各地新华书店经销

*

2018 年 4 月第 一 版　　开本:720×1000 1/16
2018 年 4 月第一次印刷　　印张:6 3/4
字数:133 000

定价:90.00 元
(如有印装质量问题,我社负责调换)

前　　言

实践中常用的状态监测报警策略是将被监测系统的测量参数与正常状态的参数值比较,也就是通过求取系统的残差来判断系统的运行状态是否正常。由于系统模型的偏差、噪声、系统的参考输入,以及外界环境等因素的变化,残差在系统状态正常的情况下,通常也不为零,为了减少不确定因素对残差的影响,常常引入阈值来提高监测系统的鲁棒性。阈值选择过大会造成很高的漏报率,反之会导致过高的误报率。因此,如何选择合适的阈值是状态检测与判决领域中的一个重要问题。

本书分为 6 章。第 1 章主要描述状态监测中的误报概率、漏报概率与阈值之间的关系,介绍传统的基于最小错误概率的阈值选取准则。第 2 章介绍贝叶斯基本理论,包括贝叶斯基本公式、先验分布的选取等,这些都是应用贝叶斯方法进行参数推断和统计决策的基础。第 3 章主要介绍基于最小风险的贝叶斯阈值选取准则及其实现方法,提出一种实时加权先验概率求解算法。第 4 章讨论基于核密度估计的非参数分布密度估计算法,包括基于估计点的滑动窗宽核密度估计算法、基于估计点的滑动双窗宽核密度估计算法、基于估计带的滑动窗宽核密度估计算法及基于迭代的窗宽优化算法,并给出基于估计点的滑动窗宽的核密度估计性质及其证明。第 5 章对前面章节提出的基于最小风险的贝叶斯阈值选取算法进行实例验证。第 6 章将贝叶斯判别分析的思想与支持向量机相结合,提出一种基于贝叶斯准则的支持向量机。

本书构建了基于最小风险的贝叶斯阈值选取准则的状态判决策略的完整框架,并推导了实现算法,弥补了目前有关阈值选取领域中,缺少从理论到具体算法实现进行系统论述的著作的不足,对于研究基于最小风险的贝叶斯阈值选取准则的理论与应用,具有较高的参考价值。

在本书出版之际,首先要感谢我的博士生导师郭晓松教授,感谢他多年来对我在该领域研究的指导和帮助,还要感谢火箭军工程大学对专著出版提供的关心和支持,感谢参考文献所列作者对本专著编写提供的研究基础和启发。

　　限于作者水平,书中不足之处在所难免,恳请读者批评和指正。

目　　录

第1章 导 论

1.1 引 言

目前,自动控制技术在各个领域的应用越来越广泛,特别是随着航天、航空、军事等高新技术的发展,对控制技术提出了更高的需求,使得控制系统的规模不断扩大,复杂性日益提高。与此同时,系统中出现故障的可能性也相应增加。故障若不能及时被检测、排除或冗余,将会对系统的工作性能产生不利影响,甚至导致整个系统的失效、瘫痪,引起灾难性的后果。例如,1996 年 6 月,欧洲"阿丽亚娜"号运载火箭因导航系统出现故障,致使火箭坠毁,造成数亿美元的巨大损失。1996 年 2 月,我国的长征三号乙运载火箭因控制系统惯性平台故障首飞失利。统计资料表明,在 1990～2001 年间所发射的卫星、空间站等 764 个航天器中,总共有 121 个出现故障,占航天器总数的 15.8%,其中控制系统故障占 37%。因此,在提高控制系统自身性能的同时,确保其安全性、可靠性和有效性至关重要。这就迫切要求建立监控系统来监督系统的运行状态,不断检测系统的变化和故障信息,进而采取措施,防止事故的发生。

控制系统的状态监控与故障诊断已经成为一项备受关注的重要技术。自 20 世纪 80 年代以来,每年的 IFAC、IEEE 的控制与决策国际大会都把故障诊断和容错控制列为重要的讨论专题。1993 年,IFAC 成立了故障诊断与安全性技术委员会,我国自动化学会也于 1997 年成立了技术过程的故障诊断与安全性专业委员会。世界各国对此竞相开展了广泛、深入的研究。

在整个监测与诊断系统中,用于状态判决的阈值选取及基于监测数据的直接状态判决问题占据重要地位。其实现过程可以分为两个层面。

① 系统层面。利用传感器监测到的多维数据,通过降维抽取当前系统模型(数据模型或数学模型)的特征参数,与正常状态的模型特征参数作一比较,根据其偏差,给出判决决策;或者根据抽取的特征数据,直接利用判决函数进行状态判决。

② 传感器层面。为了提高系统监测与诊断的实时性和可靠性,监测系统对每个传感器的测量值,在降维处理之前进行简单的判断,以尽快发现一些明显的故障(如无信号、信号偏离正常值很远),或者有重大安全隐患可能造成设备损坏、人员伤亡的故障(动作过程中液压系统泄漏等),减少系统层面的状态判决带来的时间延迟,尽量避免故障造成损失。该层面主要通过对比设置的阈值或者直接利用判决函数的方式来实现。

在这两个层面的判决原理是相同的,只是系统层面的判决复杂一些,涉及多个变量,要考虑的因素很多,而传感器层面的判决相对简单,只对一些特定故障产生判决和报警,考虑的问题只局限于该点。

下面首先对状态监测中的误报概率、漏报概率与阈值之间的关系进行详细的论述,再对传统的基于最小错误概率的阈值选取准则进行详细的介绍。

1.2　误报概率、漏报概率与阈值之间的关系

在监测与诊断系统中,常用的状态监测报警策略是将被监测系统的测量参数与正常状态的参数值比较,也就是求取系统的残差,来判断系统的运行状态是否正常。由于系统模型的偏差(系统参数的微小摄动等)、噪声、系统的参考输入,以及外界环境等因素的变化,残差在系

统状态正常的情况下,通常也不为零,为了减少不确定因素对残差的影响,常常引入阈值来提高监测系统的鲁棒性。阈值选择过大会造成很高的漏报率,反之会导致过高的误报率,因此如何选择合适的阈值就成了问题。

设监测与诊断系统中的状态报警阈值为 Th;系统的误报概率(false alarm rate)为 P_{fa},就是当系统状态正常时,监测与诊断系统发出状态不正常警报的概率;系统的漏报概率(false dismissal rate)为 P_{fd},就是当系统状态异常时,监测与诊断系统没有发出状态不正常的警报的概率。

设系统某一参数无故障时的分布函数为 $F_{ok}(x)$,分布密度为 $f_{ok}(x)$;有故障时的分布函数为 $F_{fault}(x)$,分布密度为 $f_{fault}(x)$。系统有故障和无故障时的分布密度关系如图 1.1 所示。

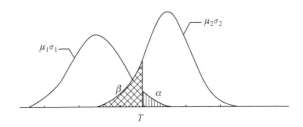

图 1.1　参数有故障和无故障的分布密度关系

由图 1.1 可以得到下式,即

$$P_{fa} = \int_{Th}^{\infty} f_{ok}(x)\mathrm{d}x = 1 - \int_{-\infty}^{Th} f_{ok}(x)\mathrm{d}x = 1 - [F_{ok}(Th) - F_{ok}(-\infty)] \tag{1.1}$$

$$P_{fd} = \int_{-\infty}^{Th} f_{fault}(x)\mathrm{d}x = F_{fault}(Th) - F_{fault}(-\infty) \tag{1.2}$$

如果给定误报概率 P_{fa},则由式(1.1)可确定阈值 Th,再由式(1.2)确定漏报概率 P_{fd};如果给定漏报概率 P_{fd},则由式(1.2)确定阈值 Th,再由式(1.1)可确定误报概率 P_{fa};如果给定阈值 Th,则由式(1.1)可确

定误报概率 P_{fa}，再由式(1.2)确定漏报概率 P_{fd}。因此，如果已知系统有故障和无故障时的分布函数，知道误报概率 P_{fa}，漏报概率 P_{fd} 和报警阈值 Th 中的任何一个，则可完全确定另外两个。

1.3　基于最小错误概率的阈值选取准则

在实际应用中，对于阈值的选取问题，主要考虑系统的误报概率，考虑漏报的概率较小。使用最多的就是基于 3σ 准则的阈值选取方法（σ 为监测参数的标准差），当系统的监测参数位于正常值的 $\pm 3\sigma$ 区间内时，就认为正常；反之，为异常。效果比较好的是基于最小错误概率的判别准则，其主要思想如下。

从前面的论述可知，P_{fa} 和 P_{fd} 的取值是相互影响的，若 P_{fa} 的取值增大，则 P_{fd} 值减小；如果 P_{fa} 的取值减小，则 P_{fd} 值增大。两个极端情况是 $P_{fa}=0$，则 $P_{fd}=1$；$P_{fa}=1$，则 $P_{fd}=0$。而实际应用希望确定一个阈值 Th，使 P_{fa} 和 P_{fd} 都较小，为达到此目的，首先构造一个函数 $s(\mathrm{Th})$，即

$$s(\mathrm{Th}) = P_{fa} + P_{fd} = \int_{\mathrm{Th}}^{\infty} f_{ok}(x)\,\mathrm{d}x + \int_{-\infty}^{\mathrm{Th}} f_{fault}(x)\,\mathrm{d}x \qquad (1.3)$$

令 $\dfrac{\mathrm{d}s(\mathrm{Th})}{\mathrm{d}\mathrm{Th}}=0$，将式(1.1)和式(1.2)代入式(1.3)，有

$$
\begin{aligned}
\frac{\mathrm{d}s(\mathrm{Th})}{\mathrm{d}\mathrm{Th}} &= \frac{\mathrm{d}(1-(F_{ok}(\mathrm{Th})-F_{ok}(-\infty)))}{\mathrm{d}\mathrm{Th}} + \frac{\mathrm{d}(F_{fault}(\mathrm{Th})-F_{fault}(-\infty))}{\mathrm{d}\mathrm{Th}} \\
&= \frac{\mathrm{d}(F_{ok}(\mathrm{Th}))}{\mathrm{d}\mathrm{Th}} - \frac{\mathrm{d}(F_{fault}(\mathrm{Th}))}{\mathrm{d}\mathrm{Th}} \\
&= f_{ok}(\mathrm{Th}) - f_{fault}(\mathrm{Th}) \\
&= 0
\end{aligned}
\qquad (1.4)
$$

即 $f_{ok}(\mathrm{Th}) = f_{fault}(\mathrm{Th})$ 时，$g(\mathrm{Th})$ 有极小值，从而由 $f_{ok}(\mathrm{Th}) = f_{fault}(\mathrm{Th})$ 可确定最佳阈值 Th。从图 1.1 也可以直观看出，当 Th 取 $f_{ok}(x)$ 和 $f_{fault}(x)$ 交点处的 x 值时，图中阴影部分面积最小。

从以上论述中,还可以引申出状态不可监测与状态可监测的概念,假设系统的故障和无故障的参数都服从某种分布,当系统参数的无故障分布密度和有故障分布密度的图形重叠部分面积较大时(对于正态分布也就是均值没有显著的差异),选择 $f_{ok}(x)$ 和 $f_{fault}(x)$ 交点处的 x 值作为阈值虽然能够保证系统的误报概率和漏报概率之和最小,但是系统的误报和漏报概率可能都较高,以至于系统无法正常工作,这种情况就是状态不可监测。一种极端情况就是两者分布图形重合,系统就是状态完全不可监测系统。

同样,当系统参数的无故障分布密度和有故障分布密度的图形重叠部分面积较小时(对于正态分布就是均值有显著的差异),选择$f_{ok}(x)$和 $f_{fault}(x)$交点处的 x 值作为阈值就能够保证系统的误报概率和漏报概率之和最小,又能使得系统的误报和漏报概率都比较小,这就是状态可监测系统。当两者的分布图形完全分开,系统就是状态完全可监测系统。

现实中的系统绝大多数都属于状态可监测系统,实际上有关状态监测与诊断的理论都是建立在系统可监测或者可诊断的基础上展开的。

上述最优阈值求解的思想,虽然可以从理论上得到严格的证明,但是在实际使用中存在两个显著的缺陷。

(1) 没有考虑系统的先验概率

通常情况下,系统的无故障概率和有故障概率不相等,并且存在较大的差异,而上述分析没有考虑各种状态出现机会的大小,它是基于二者出现概率相等的情况下得出的结论。比较直观的理解是,当系统一直运行在良好的状态,这个时候系统出现故障的概率应该是比较小的。也就是说,如果此时监测到的某种无法确定其是否正常的状态,从概率的角度看其属于无故障状态的概率要大于属于有故障状态的概率。

（2）没有考虑错判造成的损失问题

在实际系统中，监测与诊断系统产生状态误报警和状态漏报警对系统造成的影响是不同的，给系统造成的损失有差别。例如，导弹的起竖过程，当导弹的起竖角度接近或者超过一定角度时，此时如果系统产生故障状态漏报警，极有可能带来灾难性的后果；相反，如果系统产生状态误报警，通常不会造成有损失的后果。因此，在这种情况，阈值的选择应该立足于保证系统能够正常操作（一定的误报概率）的条件下，尽量降低系统的漏报概率。上述最优阈值的选取，虽然能够保证二者之和最优，但不一定能实现监测与诊断的实际结果最优。

1.4 小　　结

状态监控与诊断系统能够在保证系统正常运行中发挥重要的作用。在整个监测与诊断系统中，用于状态判决的阈值选取及基于监测数据的直接状态判决占据重要地位。因此，本章详细描述了状态监测中的误报概率、漏报概率与阈值之间的关系，然后对传统的基于最小错误概率的阈值选取准则进行详细的介绍，并总结了其存在的问题。

第 2 章　贝叶斯理论

2.1　历 史 回 顾

　　在统计推断思想的发展过程中存在两大学派。一派是经典学派，也称为抽样学派，是指 20 世纪初由英国 Pearson 等开始，经 Fisher 予以充实，到 Neyman 完成的理论体系。在目前国内外出版的统计教材和著作中，经典学派的方法和理论往往占有全部或绝大部分的篇幅。另一个学派是贝叶斯学派，该派奠基性的工作是 18 世纪 60 年代英国牧师贝叶斯（Bayes）①的论文《论机会学说中的一个问题》，但他这一论文生前并没有被发表，而是在他去世后由他的朋友发表的，著名的数学家 Laplace 用贝叶斯提出的方法推导出了重要的相继律，贝叶斯的方法和理论逐渐被人理解和重视起来。尽管贝叶斯方法可以推导出一些有意义的结果，但在理论和实际应用中出现了各种各样的问题。因此，它在 19 世纪并未受到普遍承认和接受。20 世纪初，意大利的统计学家 de Finetti 和英国的 Jeffrey 从不同方面对贝叶斯学派的理论做出了重要的贡献，为贝叶斯学派在统计学中争得了一席之地。第二次世界大战后，Wald 提出基于统计的决策理论，在该理论中贝叶斯方法占有举足轻重的地位；信息论的发展对贝叶斯学派做出了新的贡献。更重要的是在一些实际应用的领域中，尤其在经济学中应用贝叶斯方法取得了成功，该学派已成为一股不容忽视的力量。在 20 世纪 50 年代，以 Robins 为代表，提出经验贝叶斯方法，把贝叶斯方法和经典方法结合起来，引起了统计学界的广泛的注意。该方法很快就显示出活力，成为统计学界研究的一个热点。

---

　　①　根据专业习惯，本书不特别统一"贝叶斯"和"Bayes"。

贝叶斯学派的基本特征是将非样本信息或先验信息和样本信息有机结合起来,使得统计推断或预测结果比单凭样本信息得出的结果更为准确和可靠。贝叶斯学派和经典学派的主要区别在于如下方面。

① 是否使用非样本信息或先验信息。经典统计学是以现时抽取的随机样本统计量来推断或估计总体参数,不考虑任何带主观性的先验信息。而贝叶斯统计学派认为,在统计推断和外推预测中,不仅可以完全根据先验信息作估计,而且还应该用现时的抽样所提供的后验信息来修正先验信息,以便得出更可靠的后验概率。是否使用非样本信息或验前信息是贝叶斯学派和经典学派的根本分歧所在。

② 对概率的理解不同。经典统计学认为,某事件出现的概率以该事件出现频率的极限来解释。贝叶斯统计则认为,某事件的出现概率以当事者对该事件出现的"相信程度"来定义。这种信念可以来自定量或定性的信息,但不一定同未来假想实验中该事件的出现频率相联系。显而易见,这样定义的概率带有主观性质。也就是说,对同一个事件,不同的人可以指定不同的概率。因此,这种概率称为主观概率,以区别于用频率极限定义的客观概率。此外,贝叶斯方法还有一个特点,那就是对未知参数数值的不确定性可以用一个概率分布来表示。通常假定,对任何一个参数的各种可能值,均可指定一个概率密度函数或概率函数。然而,在经典估计中,由于每一个参数对重复样本来说都是固定不变的,所以不可能对它们指定概率分布。

虽然贝叶斯方法越来越受到人们的青睐,但其无论在理论上,还是在实际应用中都没有经典方法完善,还存在一系列没有得到完全解决的问题。目前对贝叶斯学派的批评主要集中于以下两点。

① 将参数看成随机变量是否合适。

② 先验分布是否存在,若存在又如何选取。

在某些情况下,将参数看成随机变量是合理的,它的先验分布也容易确定。在另外一些情形下,把参数看成随机变量未必合理,它的先验分布也不易确定。目前对经典学派的批评主要有下面两点,即一些问题的提法不妥,判断统计方法好坏的标准不妥。经典学派出现的问题基本上可以用贝叶斯统计理论来解决。总之,不同学派之间的相互批评和责难,是学术发展中的必然现象。

2.2　贝叶斯定理

贝叶斯学派的起点是贝叶斯的两项工作,即贝叶斯定理和贝叶斯假设。贝叶斯公式的事件形式如下。

设 $(\Omega, \mathcal{F}, P)$ 为一概率空间, $A_1, A_2, \cdots, A_n \in \mathcal{F}$ 是互不相容的事件, $P(A_i) \geqslant 0, i = 1, 2, \cdots, n$,所有事件之和 $\bigcup\limits_{i=1}^{k} A_i$ 包含事件 B,即 $B \subset \bigcup\limits_{i=1}^{k} A_i$,则有

$$P(A_i \mid B) = \frac{P(B \mid A_i)P(A_i)}{\sum\limits_{j=1}^{n} P(B \mid A_j)P(A_j)}, \quad i = 1, 2, \cdots, n$$

这就是贝叶斯定理,它是整个贝叶斯理论的基础。先验信息以概率分布 $P(A_i), i = 1, 2, \cdots, n$ 给出,即先验分布。由于事件 B 的发生,可以对 $A_1, A_2, \cdots, A_n$ 发生的概率重新估计。贝叶斯公式综合了先验信息与实验提供的新信息,可以获得后验信息,以后验分布 $P(A_i \mid B), i = 1, 2, \cdots, n$ 体现出来。贝叶斯公式反映了先验分布向后验分布的转化。

贝叶斯公式的密度函数形式如下。

① 依赖于参数 θ 的随机变量 X 的密度函数在经典统计中记为 $p(x; \theta)$ 或 $p_\theta(x)$,表示在参数空间 $\Theta = \{\theta\}$ 中不同的 θ 对应不同的分布。可在贝叶斯统计中记为 $p(x \mid \theta)$,表示在随机变量 θ 给定某个值时,随机变量 θ 的条件分布。

② 根据参数 θ 的先验信息确定先验分布 $\pi(\theta)$。这是贝叶斯学派在最近几十年里重点研究的问题,已经获得一大批富有成效的方法。在

本章后面将作较详细的介绍。

③ 从贝叶斯观点看,样本 $\boldsymbol{x}=(x_1,x_2,\cdots,x_n)$ 的产生分两步进行。首先设想从先验分布 $\pi(\theta)$ 产生一个样本 θ',第二步是从总体分布 $p(x|\theta')$ 产生一个样本 $\boldsymbol{x}=(x_1,x_2,\cdots,x_n)$,此样本发生的概率与如下联合密度函数成正比,即

$$p(\boldsymbol{x}\mid\theta')=\prod_{i=1}^{n}p(x_i\mid\theta')$$

这个联合密度函数综合了总体信息和样本信息,常称为似然函数,记为 $L(\theta')$。

④ 由于 θ' 是设想出来的,仍然是未知的,它是按先验分布 $\pi(\theta)$ 而产生的,要把先验信息进行综合,不能只考虑 θ',而应对 θ 的一切可能加以考虑,因此要用 $\pi(\theta)$ 参与进一步综合。样本 $\boldsymbol{x}$ 和参数 θ 的联合分布为

$$h(\boldsymbol{x},\theta)=p(\boldsymbol{x}|\theta)\pi(\theta)$$

把总体信息、样本信息和先验信息这三种可用的信息进行了综合。

⑤ 接下来的任务是对未知数 θ 作出统计推断。在没有样本信息时,人们只能根据先验分布对 θ 作出推断。在有样本观察值 $\boldsymbol{x}=(x_1,x_2,\cdots,x_n)$ 之后,应该依据 $h(\boldsymbol{x},\theta)$ 对 θ 作出推断。为此,需要把 $h(\boldsymbol{x},\theta)$ 作如下分解,即

$$h(\boldsymbol{x},\theta)=\pi(\theta|x)m(\boldsymbol{x})$$

其中,$m(\boldsymbol{x})$ 是 $\boldsymbol{x}$ 的边缘密度函数,即

$$m(\boldsymbol{x})=\int_{\Theta}h(\boldsymbol{x},\theta)\,\mathrm{d}\theta=\int_{\Theta}p(\boldsymbol{x}\mid\theta)\pi(\theta)\,\mathrm{d}\theta$$

它与 θ 无关,或者说,$m(\boldsymbol{x})$ 中不包含 θ 的任何信息。因此,能用来对 θ 作出推断的仅是条件分布 $\pi(\theta|\boldsymbol{x})$。

它的计算公式为

$$\pi(\theta \mid \boldsymbol{x}) = \frac{h(\boldsymbol{x},\theta)}{m(\boldsymbol{x})} = \frac{p(\boldsymbol{x} \mid \theta)\pi(\theta)}{\displaystyle\int_{\Theta} p(\boldsymbol{x} \mid \theta)\pi(\theta)\mathrm{d}\theta}$$

这就是贝叶斯公式的密度函数形式。这个在样本 $\boldsymbol{x}$ 给定下，θ 的条件分布被称为 θ 的后验分布。它是集中了总体、样本和先验等三种信息中有关 θ 的一切信息，而又是排除一切与 θ 无关的信息之后得到的结果。

⑥ 在 θ 是离散随机变量时，先验分布可用先验分布列 $\pi(\theta_i \mid \boldsymbol{x})$，$i=1,2,\cdots$ 表示。这时后验分布也具有离散形式，即

$$\pi(\theta_i \mid \boldsymbol{x}) = \frac{p(\boldsymbol{x} \mid \theta_i)\pi(\theta_i)}{\displaystyle\sum_j p(\boldsymbol{x} \mid \theta_j)\pi(\theta_j)}, \quad i=1,2,\cdots$$

一般说来，先验分布 $\pi(\theta)$ 反映人们在抽样前对 θ 的认识，后验分布 $\pi(\theta|\boldsymbol{x})$ 反映人们在抽样之后对 θ 的认识。之间的差异是由于样本 $\boldsymbol{x}$ 出现后人们对 θ 认识的一种调整。因此，后验分布 $\pi(\theta|\boldsymbol{x})$ 可以看做是人们用总体信息和样本信息对先验分布 $\pi(\theta)$ 作调整的结果。

2.3　贝叶斯参数统计模型

在贝叶斯参数统计模型中，统计模型中的参数 θ 是参数空间上的随机变量，它的概率分布称为参数 θ 的先验分布。由于 θ 是随机变量，因此参数模型中，样本 $\boldsymbol{x}=(x_1,x_2,\cdots,x_n)$ 的分布就是条件分布 $p(\boldsymbol{x}|\theta)$。

参数统计模型是由先验分布 $\pi(\theta)$ 与样本分布族 $p(\boldsymbol{x}|\theta)$ 构成的，其中 $\pi(\theta)$ 是参数 θ 的一个概率分布，我们称其为 θ 的先验分布。$p(\boldsymbol{x}|\theta)$ 为样本 $\boldsymbol{x}=(x_1,x_2,\cdots,x_n)$ 的条件密度函数族，且在 $\boldsymbol{x}=(x_1,x_2,\cdots,x_n)$ 的条件下，θ 的条件分布称为 θ 的后验分布，通常由后验密度函数 $p(\theta|\boldsymbol{x})$ 描述。后验分布的意义在于综合了关于 θ 的先验信息和样本 $\boldsymbol{x}$ 关于 θ 的信息。先验分布概括了在实验前对 θ 的认识，得到样本观察值 $\boldsymbol{x}$ 后，对 θ 的认识有了深化，这集中反映在后验分布中。后验分布包含 θ 的先

验信息和样本观测值提供的信息。

贝叶斯统计的核心内容是贝叶斯统计推断,贝叶斯统计推断原则认为对于参数 θ 的任何统计都应遵守贝叶斯统计推断原则,参数 θ 的后验分布是贝叶斯统计推断的基础。

贝叶斯统计推断原则是对参数 θ 的任何推断(参数估计、假设检验等)必须基于且只能基于 θ 的后验分布,即后验密度函数 $p(\theta|x)$。

贝叶斯理论认为,后验分布 $p(\theta|x)$ 是统计推断的出发点,样本观测值 x 是确定的,参数 θ 是随机的。总之,贝叶斯统计推断的任务是根据已知的样本观测值 x 对未知的随机变量 θ 根据后验 $p(\theta|x)$ 做出推断。

贝叶斯参数估计包括贝叶斯点估计和区间估计,其中点估计又分为最大后验估计与条件期望估计。对于样本 x 的密度为 $p(x|\theta)$,$\pi(\theta)$ 是 θ 的先验分布,后验密度为 $p(\theta|x)$。

2.4　　先验分布的选取

在贝叶斯统计模型中,选取先验分布是一个相当重要的问题。先验分布是贝叶斯参数统计模型的重要组成,而由贝叶斯统计推断原则,后验分布是统计推断的基础。因此,只有正确选取的先验分布,才有正确的后验分布。下面首先介绍贝叶斯假设,然后再扼要介绍几种常用确定先验分布的方法。

1. 贝叶斯假设

贝叶斯公式在很多论著中都有提及,但很少涉及贝叶斯假设。事实上,这是关于参数先验分布的一个假设,其内容为参数 θ 的无信息先验分布 $\pi(\theta)$ 应在 θ 的取值范围内是"均匀"分布的。

用一数学形式的公式表示,就是假定参数 θ 取值的范围是在区域 D 内,则先验分布密度为

$$\pi(\theta) = \begin{cases} c, & \theta \in D \\ 0, & \theta \notin D \end{cases}$$

其中,c 是一常数。

如果略去密度取值为 0 的部分,上式可写为

$$\pi(\theta) = c, \quad \theta \in D$$

或

$$\pi(\theta) \propto 1, \quad \theta \in D$$

2. 共轭分布法

Raiffa 和 Schlaifer 提出先验分布应取共轭分布才合适。所谓先验分布的共轭分布是指先验分布 $\pi(\theta)$ 决定的后验分布密度 $p(\theta|x)$ 与先验分布 $\pi(\theta)$ 是同一类型的,则称 $\pi(\theta)$ 为条件分布 $p(\theta|x)$ 的共轭分布。

共轭分布要求先验分布 $\pi(\theta)$ 与后验分布 $p(\theta|x)$ 属于同一个类型分布,这就要求经验的知识和现在样本的信息有某种同一性,它们能够转化为同一类的经验知识。由于后验密度既与先验分布有关,又与样本对参数的条件分布有关,它是两者的结合,即

$$p(\theta|x) \propto \pi(\theta) p(x|\theta)$$

可见共轭分布要求先验分布 $\pi(\theta)$ 提供的信息与样本分布 $p(x|\theta)$ 提供的信息综合后,不改变 θ 的总的分布规律。在不断取得新的样本观测值前,现时的后验分布可看成进一步实验或观测的先验分布。如果以过去的经验和现在的样本提供的信息作为新的实验的先验知识,获得新样本后,新的后验分布仍然还是同一个类型。共轭分布方法是一种选取先验的重要的方法。

共轭分布在很多场合被采用,因为它有两个优点,即计算方便,及后验分布的一些参数可以得到很好的解释。

常用的共轭分布如表 2.1 所示。

表 2.1　常用共轭先验分布

总体分布	参数	共轭先验分布
二项分布	成功概率	贝塔分布 $\text{Be}(\alpha,\beta)$
泊松分布	均值	伽玛分布 $\text{Ga}(\alpha,\lambda)$
指数分布	均值的倒数	伽玛分布 $\text{Ga}(\alpha,\lambda)$
正态分布(方差已知)	均值	正态分布 $N(\mu,\sigma^2)$
正态分布(均值已知)	方差	倒伽玛分布 $\text{IGa}(\alpha,\lambda)$

3. 不变先验分布

贝叶斯假设是在对参数无信息的条件下,认为参数在其取值范围内,取各个值的可能性都相同,无所偏爱,通常称满足贝叶斯假设的先验分布为无信息先验分布。无信息先验分布的选取与参数在总体分布中的地位有关。在数学上,就是相当于对群的作用下具有不变性。这种选择先验分布的观点导出的先验分布,叫做不变先验分布。

4. Jefferys 原则

贝叶斯假设的一个矛盾是,若对参数 θ 选用均匀分布,则对 θ 的函数 $g(\theta)$ 作为参数时,也选用了均匀分布。然而,由于 θ 是遵循均匀分布的这一前提,往往导出 $g(\theta)$ 不是均匀分布。从 $g(\theta)$ 是均匀分布的这一前提,往往导出 θ 不是均匀分布。Jefferys 对先验分布的选取做出了重大的贡献,他提出的不变原理较好地解决了贝叶斯假设中的这个矛盾,并且给出寻求经验分布的方法。Jefferys 原则分为两个部分:一个部分是对先验分布有一合理的要求;另一个部分是给出一个具体的方法寻求合乎要求的先验分布。所谓先验分布的不变性,就是要求用 θ 或 θ 的函数 $g(\theta)$ 导出的先验分布总是一致的,不会相互矛盾,也就是先验分布 $\pi(\theta)$ 满足下式,即

$$\pi(\theta)=\pi_g(g(\theta))\,|\,g'(\theta)\,|$$

如果选出的 $\pi(\theta)$ 符合上面的条件,则用 θ 或 θ 的函数 $g(\theta)$ 导出的

先验分布总是一致的,不会相互矛盾。问题的关键在于如何去寻找满足上面条件的 $\pi(\theta)$。Jefferys 巧妙地利用费歇信息阵的一个不变性质,找到了合乎要求的 $\pi(\theta)$。

5. 最大熵原则

熵是信息论的一个基本概念,是随机变量不确定性的度量。对于离散系统 $p(X=a_i)=p_i, i=1, 2, \cdots$,则 $H(X)=\sum_i p_i \ln p_i$ 称为 X 的熵。对于连续系统,若 $X \sim p(X)$,且 $H(X)=-\int p(x) \ln p(x) \mathrm{d}x$ 有意义,则称 $H(X)$ 为 X 的熵。不确定性越大,则熵越大。在无信息的情况下,应取熵最大的分布为先验分布,这就是最大熵原则。

以上介绍了几种先验分布的选取方法。在某一具体问题中,究竟应取何种方法,必须视具体情况进行具体分析。一般来说,在无信息的情况下,即无历史的资料可查,无其他的经验可借鉴,这时无信息先验分布就是一种客观的、易被大家认可的先验分布,所以无信息先验分布在贝叶斯方法中占有特殊的地位。当已知参数 θ 的若干先验信息,则 θ 的先验分布应根据最大熵原则确定。当先验分布与后验分布属于同一分布族时,分布族为共轭分布族。无信息先验分布有时不属于样本分布的共轭分布族,其后验分布往往属于样本分布的共轭族。因此,在参数信息充分的条件下,一般应取样本分布的共轭分布作为先验分布。

以上介绍的各种方法,都是将样本与先验分布完全分离的。有一些人认为先验分布的选取还应考虑样本取值的情况,如何将以往的经验和样本的信息很好地结合起来还有很多工作值得探讨和研究。

总之,应该根据实际情况,尽量充分利用过去的经验,来确定一个合适的先验分布。

2.5　贝叶斯预测分布密度与预测置信区间

在许多情况下,我们需要了解将来观察值的分布情况。如果已知样本信息 $\boldsymbol{x} = (x_1, x_2, \cdots, x_n)$,则未来观察值 y 和参数 θ 的联合分布密度为

$$p(y, \theta \mid \boldsymbol{x}) = p(y \mid \theta, \boldsymbol{x}) p(\theta \mid \boldsymbol{x})$$

其中,$p(y, \theta \mid \boldsymbol{x})$ 为 y 和 θ 的联合分布密度;$p(y \mid \theta, \boldsymbol{x})$ 为 y 的条件分布密度;$p(\theta \mid \boldsymbol{x})$ 为 θ 的后验分布密度。

将上式对参数积分可以得出 y 的预测分布密度,即

$$p(y \mid \boldsymbol{x}) = \int p(y, \theta \mid \boldsymbol{x}) \mathrm{d}\theta$$

由此可见,y 的预测分布密度可以视为 θ 的后验分布密度加权的平均条件预测分布密度。

利用预测密度 $p(y \mid \boldsymbol{x})$ 可以很容易地获得点预测。假设我们有损失函数 $L(\hat{y}, y)$,其中 $\hat{y}$ 为未来观察值 y 的点预测,则我们可以找出一个 $\hat{y}$ 使得损失函数的数学期望最小,即

$$\min_{\hat{y}} \int L(\hat{y}, y) p(y \mid \boldsymbol{x}) \mathrm{d}y$$

同理,根据观测分布密度可构成点估计的预测置信区间。在给定置信度 $1 - \alpha$ 的条件下,可以选择置信区间 R,使得

$$\Pr(y \in R \mid \boldsymbol{x}) = \int_R p(y \mid \boldsymbol{x}) \mathrm{d}y = 1 - \alpha$$

2.6　贝叶斯判别分析

判别问题是在实践中经常遇到的,是多元分析中的一个重要专题。

根据研究对象个体的一组标志值——一个观测值向量 $\boldsymbol{x}$,去判别这个个体来自哪一总体。

假定有 k 个总体,相应的分布密度为

$$p_1(\boldsymbol{x}), p_2(\boldsymbol{x}), \cdots, p_k(\boldsymbol{x})$$

且假定一个样品 $\boldsymbol{x}$ 来自第 i 个总体的概率为 $\pi_i, i=1,2,\cdots,k$,则已知样品 $\boldsymbol{x}$ 时,应如何判断它是来自哪一个总体。

现在用贝叶斯方法来解决这个问题。引入参数 $\theta,\theta=i$ 表示样本来自第 i 个总体,根据假定有 $p_1(\boldsymbol{x})=p(\boldsymbol{x}|\theta=1),\cdots,p_k(\boldsymbol{x})=p(\boldsymbol{y}|\theta=k)$,这些分布密度是 $\boldsymbol{x}$ 相对于 θ 的条件密度,并且还知道 θ 的先验分布,即

$$\pi(i)=P(\theta=i)=\pi_i, \quad i=1,2,\cdots,k$$

因此,直接用贝叶斯公式,就可以求出 θ 对于 $\boldsymbol{x}$ 的后验密度,即

$$
\begin{aligned}
p(i|\boldsymbol{x}) &= P(\theta=i|\boldsymbol{x}) \\
&= \frac{P(\theta=i)p(\boldsymbol{x}\mid\theta=i)}{\displaystyle\sum_{j=1}^{k}P(\theta=j)p(\boldsymbol{x}\mid\theta=j)} \\
&= \frac{\pi_i p_i(\boldsymbol{x})}{\displaystyle\sum_{j=1}^{k}\pi_j p_j(\boldsymbol{x})}
\end{aligned}
$$

显然,当 $p(i|\boldsymbol{x})>p(j|\boldsymbol{x})$ 时,表明 $\boldsymbol{x}$ 来自第 i 个总体的概率比来自第 j 个总体的大,因此就倾向于将 $\boldsymbol{x}$ 归于第 i 个总体,这样就导致一个判别的规则:给定 $\boldsymbol{x}$ 后,比较 $p(i|\boldsymbol{x})$ 的大小,将 $\boldsymbol{x}$ 判给使 $p(i|\boldsymbol{x})$ 达到最大值的那一总体。从 $p(i|\boldsymbol{x})$ 的表达式可知,它们的分母都一样,因此只要比较分子的大小,若 $\pi_i p_i(\boldsymbol{x})=\max\limits_{1\leqslant j\leqslant k}\pi_j p_j(\boldsymbol{x})$,则将 $\boldsymbol{x}$ 归入第 i 个总体。

上面提到的判别规则并没有考虑判别结论在使用后带来的损失问题,然而,在使用判别结果时必须与得失联系在一起考虑。能带来利润的就使用,否则就不采用,度量得失的尺度就是损失函数。

设有 k 个母体 $G_1,G_2,\cdots,G_k$ 分别具有 m 维分布密度 $p_1(\boldsymbol{x})$, $p_2(\boldsymbol{x}),\cdots,p_k(\boldsymbol{x})$,$D_1,D_2,\cdots,D_k$ 是 R^m 的一个划分,判别规则采用下

式,即

$$x \in G_i, \quad x \text{ 落入 } D_i, i = 1, 2, \cdots, k$$

用 $L(i,j)$ 表示样本来自 G_i 而误判为 G_j 的损失,这一误判的概率为

$$P(j \mid i, D_1, \cdots, D_k) = \int_{D_j} p_i(x) \mathrm{d}x, \quad j \neq i, j = 1, \cdots, k$$

假定这 k 个母体出现的事件概率为 $q_1, q_2, \cdots, q_k$,则通过划分 D_1, $D_2, \cdots, D_k$ 来判别的平均损失为

$$g(D_1, D_2, \cdots, D_k) = \sum_{i=1}^{k} q_i \sum_{j=1, j \neq i}^{k} L(i,j) P(j \mid i, D_1, D_2, \cdots, D_k)$$

所谓贝叶斯判别法则就是选择 $D_1, D_2, \cdots, D_k$,使 $g(D_1, D_2, \cdots, D_k)$ 达到极小。下面介绍求解 $D_1, D_2, \cdots, D_k$ 的方法。

在实际问题中,当 x 落入 $\{D_i\}$ 之间的边界时,判别往往不是唯一的,可以判别为落到相邻区域的任一个,如果对混合分布 $p(y) = \sum_{i=1}^{k} q_i p_i(y)$ 来说 $\{D_i\}$ 之间的边界测度为零,那么所求的 $\{D_i\}$ 往往都不包括边界,这时 $\{D_i\}$ 并不组成空间的划分,但在几乎处处的意义下(对概率测度 $p(y)$)组成空间的划分,即 $R^m \big/ \bigcup_{i=1}^{k} D_i$ 的概率测度为零,这时仍称 $\{D_i\}$ 为贝叶斯判别的解。关于贝叶斯判别的解不加证明的给出如下定理。

定理 2.1　当事件概率 $\{q_i\}$,母体分布密度 $\{p_i(x)\}$ 和损失函数 $\{L(i,j)\}$ 给定时,贝叶斯判别的解 $D_1, D_2, \cdots, D_k$ 为

$$D_l = \{y : h_l(x) < h_j(x), j \neq l, j = 1, 2, \cdots, k\}, \quad l = 1, 2, \cdots, k$$

其中

$$h_l(x) = \sum_{i=1, i \neq l}^{k} q_i p_i(x) L(i,l), \quad l = 1, 2, \cdots, k$$

如果

$$\sum_{l=1}^{k} \sum_{j=1, j \neq l}^{k} \int_{\{h_l(x) = h_j(x)\}} p(y) \mathrm{d}x = 0$$

则 $R^m \big/ \bigcup\limits_{i=1}^{k} D_i$ 的概率测度为零。

2.7　小　　结

本章首先回顾贝叶斯学派诞生的过程,然后介绍贝叶斯基本理论,包括贝叶斯基本公式、先验分布的选取等,这些都是应用贝叶斯方法进行参数推断和统计决策的基础。

第3章 基于最小风险的贝叶斯阈值选取准则

在导论中已经指出,基于最小错误概率的阈值选取准则虽然可以从理论上得到严格的证明,但是在实际使用中却存在两个显著的缺陷。

① 没有考虑系统的先验概率。

② 没有考虑错判造成的损失问题。

为了解决这两个问题,本章考虑将 Bayes 判别准则引入阈值选取的过程中。

3.1 贝叶斯判别准则

所谓 Bayes 判别准则,就是给出空间 $\mathfrak{R}^m$ 的一个划分: $D = \{D_1, D_2, \cdots, D_k\}$,使得通过这个划分来判别归类时,带来的平均损失最小。

设有 k 个总体 $G_1, G_2, \cdots, G_k$,相应的先验概率为 $q_1, q_2, \cdots, q_k (q_i > 0, q_1 + q_2 + \cdots + q_k = 1)$。如果有判别法 $D*$,使得 $D*$ 带来的平均损失 $g(D*)$ 最小,即

$$g(D*) = \min g(D) \tag{3.1}$$

则判别法 $D*$ 符合 Bayes 判别准则,或称 Bayes 判别的解。

设有 k 个总体 $G_1, G_2, \cdots, G_k$,已知 G_i 的密度函数为 $f_i(x)$,对应的先验概率为 $q_1, q_2, \cdots, q_k (q_i > 0, q_1 + q_2 + \cdots + q_k = 1)$,错判损失为 $L(j|i)$,则 Bayes 判别的解 $D* = \{D_1*, D_2*, \cdots, D_k*\}$ 为

$$D_i* = \{X | h_i(X) < h_j(X), j \neq i, j = 1, 2, \cdots, k\}, \quad i = 1, 2, \cdots, k \tag{3.2}$$

其中,$L(j|i)$ 表示样品实属第 i 个总体 G_i,今用判别法 $D*$ 判别时将其

错判为 G_j 时造成的损失；$h_j(X) = \sum\limits_{i=1}^{k} q_i L(j \mid i) f_i(X)$，表示样品 X 判归为 G_j 的平均损失。

对于两个总体，若令判别函数为

$$W(X) = \frac{f_1(X)}{f_2(X)}, \quad d = \frac{q_2 L(1 \mid 2)}{q_1 L(2 \mid 1)} \tag{3.3}$$

则 Bayes 判别准则为

$$\begin{cases} X \in G_1, & W(X) > d \\ X \in G_2, & W(X) \leqslant d \end{cases} \tag{3.4}$$

3.2　基于最小风险的贝叶斯阈值选取准则

基于贝叶斯判别准则的思想，重新研究最优阈值的选取问题，也就是在考虑系统先验概率的情况下，通过选择适当的阈值，使得系统的状态误报警和漏报警造成的错判损失最小。

设系统处于正常状态的先验概率为 q_{ok}，系统处于不正常状态的先验概率为 q_{fault}，当系统处于正常状态却被监测与诊断系统判别为不正常状态所造成的损失为 $L(fault \mid ok)$，当系统处于不正常状态却被监测与诊断系统判别为正常状态所造成的损失为 $L(ok \mid fault)$，其他变量的表示方法同前，则根据 Bayes 判别准则式(3.3)，系统的判别函数为

$$W(X) = \frac{f_{ok}(X)}{f_{fault}(X)}, \quad d = \frac{q_{fault} L(ok \mid fault)}{q_{ok} L(fault \mid ok)} \tag{3.5}$$

Bayes 判别准则为

$$\begin{cases} X \in ok, & W(X) > d \\ X \in fault, & W(X) \leqslant d \end{cases} \tag{3.6}$$

根据式(3.5)，并将其化为等式，即

$$\frac{f_{ok}(X)}{f_{fault}(X)} = \frac{q_{fault}L(ok\,|\,fault)}{q_{ok}L(fault\,|\,ok)} \tag{3.7}$$

则根据式(3.7),求取 X 即最优阈值 Th,并且基于阈值 Th 的判别准则为

$$\begin{cases} X \in ok, & X > Th \\ X \in fault, & X \leqslant Th \end{cases} \tag{3.8}$$

对于式(3.7),若 $q_{ok} = q_{fault}$,$L(ok\,|\,fault) = L(fault\,|\,ok)$,上述基于最小风险的判别准则退化为基于最小错误概率的判别准则。

3.3　基于最小风险的贝叶斯阈值选取准则的实现

根据式(3.7),要求阈值 Th,必须知道无故障时的参数分布密度 $f_{ok}(X)$、有故障时的参数分布密度 $f_{fault}(X)$、系统处于正常状态的先验概率 q_{ok}、系统处于不正常状态的先验概率 q_{fault},以及系统属于正常状态却被判别为不正常状态所造成的损失 $L(fault\,|\,ok)$ 和系统属于不正常状态却被判别为正常状态所造成的损失 $L(ok\,|\,fault)$。其中,错判损失 $L(fault\,|\,ok)$ 和 $L(ok\,|\,fault)$ 往往要针对研究的具体问题,根据专家的经验,经过反复修改验证最后确定。

这里主要研究参数分布密度 $f_{ok}(X)$、$f_{fault}(X)$ 和先验概率 q_{ok}、q_{fault} 的选择和计算问题。其中求解系统无故障时的参数分布密度 $f_{ok}(X)$、有故障时的参数分布密度 $f_{fault}(X)$ 属于同一类型的任务,而 $q_{fault} = 1 - q_{ok}$。因此,实际上是两种类型参数的求解问题。

下面首先讨论先验概率的选择和计算问题,然后在下一章详细讨论分布密度的估计方法。

3.4　实时加权先验概率求解算法

先验概率的定义比较困难,是 Bayes 理论的一个主要缺点,对于使

用 Bayes 算法来实现决策,一个重要的前提就是要得到先验概率。通常这些概率可以通过大量的实验累积来得到或者由有经验的专家提供,在没有任何先验知识的情况下,Bayes 算法就显得无能为力了。现有的大多算法,先验概率的值是固定的,不能根据系统的实际状态进行实时的调节。本小节将提出一种新的先验概率求解算法——实时加权先验概率求解算法,以解决 Bayes 判别准则中的先验概率求解问题,不需要任何的先验知识,靠监测参数进行实时的自适应调节。

在没有先验知识的情况下,假设系统的先验概率 $q_{ok} = q_{fault} = 0.5$,这是符合实际的。如果系统开始工作,监测到系统的参数数据,这时对系统有了一定的了解,也可以说拥有了一定的关于系统先验概率的知识,只不过它隐含在监测数据中。充分利用这部分数据,挖掘出其中隐含的先验信息,启发产生自适应实时加权先验概率求解算法。

为了更好地理解自适应加权先验概率求解算法,举一个固定先验概率判决的特殊例子。假设在时刻 i,系统检测到信号 $s_i = th$,按照 Bayes 判决准则(式(3.8)),$s_i \in fault$,显然,这个结果的置信度较低,有如下两种情况。

① 如果 i 时刻前的 $n(n \geqslant 1)$ 个时刻(以下称为加权重数 n),该信号的检测值按照 Bayes 判决准则得出的判决结果为 $(s_{i-1}, s_{i-2}, \cdots, s_{i-n}) \in$ fault,这时可以以较大的置信度肯定 $s_i \in fault$ 的判决结果。

② 如果 i 时刻前的 $n(n \geqslant 1)$ 个时刻,按照 Bayes 判断准则得出的判决结果为 $(s_{i-1}, s_{i-2}, \cdots, s_{i-n}) \in$ ok,则判决结果 $s_i \in$ fault 的置信度就很值得怀疑了,因为受干扰或者其他因素的影响,检测信号的瞬间波动是正常现象,况且监测到的信号值在临界状态归为故障的置信度本来就不高。

从这个例子得到启发,如果当前时刻以前检测的几组数据属于正常状态,则当前时刻系统为正常状态的先验概率值应该增加,反之应该减少。这是实时加权先验概率求解算法的核心思想。

　　根据上述思想,设加权重数 $n=1$,也就是说当前时刻的先验概率值的增减只取决于前一时刻的状态,也可以说,下一时刻先验概率值的增减,由当前时刻的状态确定。因此,有下面的实时先验概率更新公式,即

$$q_{i+1}(\mathrm{ok})=p_i(\mathrm{ok}\,|\,s) \tag{3.9}$$

$$q_{i+1}(\mathrm{fault})=1-q_{i+1}(\mathrm{ok}) \tag{3.10}$$

其中,$p_i(\mathrm{ok}\,|\,s)$ 表示在时刻 i,如果观察到状态 s,系统正常的概率值。

　　根据 Bayes 全概率公式,在 i 时刻,对观测到的状态 s 有

$$p_i(\mathrm{ok}\,|\,s)=\frac{f_i(s\,|\,\mathrm{ok})\times q_i(\mathrm{ok})}{f_i(s\,|\,\mathrm{ok})\times q_i(\mathrm{ok})+f_i(s\,|\,\mathrm{fault})\times q_i(\mathrm{fault})} \tag{3.11}$$

其中,$f_i(s\,|\,\mathrm{ok})$(或者 $f_i(s\,|\,\mathrm{fault})$)表示,在时刻 i,系统正常(不正常)状态下,观察到状态 s 的概率,也就是前面讨论的无故障时的参数分布密度 $f_{\mathrm{ok}}(s)$(有故障时的参数分布密度 $f_{\mathrm{fault}}(s)$)。

　　将上式变换,可以得到

$$p_i(\mathrm{ok}\,|\,s)=\frac{1}{1+\dfrac{f_i(s\,|\,\mathrm{fault})}{f_i(s\,|\,\mathrm{ok})}\times\dfrac{q_i(\mathrm{fault})}{q_i(\mathrm{ok})}} \tag{3.12}$$

将 $q_i(\mathrm{fault})=1-q_i(\mathrm{ok})$ 代入上式,整理后得

$$p_i(\mathrm{ok}\,|\,s)=\frac{1}{1+a_i\times b_i} \tag{3.13}$$

其中,$a_i=1-\dfrac{1}{q_i(\mathrm{ok})}$;$b_i=\dfrac{f_i(s_i\,|\,\mathrm{fault})}{f_i(s_i\,|\,\mathrm{ok})}$。

　　以上讨论的是 $n=1$ 时的先验概率更新算法,对于 $n\geqslant 1$ 式(3.9)和式(3.10)变为

$$q_{i+1}(\mathrm{ok})=\sum_{j=0}^{n-1}w_j p_{i-j}(\mathrm{ok}\,|\,s) \tag{3.14}$$

$$q_{i+1}(\mathrm{fault})=1-q_{i+1}(\mathrm{ok}) \tag{3.15}$$

其中，$\sum\limits_{j=0}^{n-1} w_j = 1$，且一般的：$w_0 > w_1 > \cdots > w_n$，$w_j$ 代表 $i-j$ 时刻的先验概率对 $i+1$ 时刻先验概率的贡献因子。

至此实时加权先验概率求解算法的推导完成。同时，有以下说明。

① 加权重数 n 与监测系统的灵敏性、鲁棒性，以及采样速度有关，监测系统的采样速度越快，其值可相应的增大，反之要减小。在概率贡献因子固定的情况下，其值越大系统的鲁棒性越高，克服干扰等的能力越强，系统的误报概率就越低；反之，系统的灵敏性就越高，克服干扰等的能力就越差，系统的漏报概率就越低。通常情况下，加权重数 n 不应超过 5，一般的监测与诊断系统(采样速度不是很快，每秒采样速率不超过 50)其值建议取 1 或 2。

② 先验概率的贡献因子 w_j 反映的是前 n 个时刻的先验概率对当前时刻的贡献值，其值一般根据经验按照 $w_0 > w_1 > \cdots > w_n$ 的规律选择，对于 $n=2$，推荐 $w_0=0.7$，$w_1=0.3$；对于 $n=3$，推荐 $w_0=0.65$，$w_1=0.25$，$w_2=0.1$；对于 $n=4$，推荐 $w_0=0.6$，$w_1=0.2$，$w_2=0.15$，$w_3=0.05$。

③ 通常情况下，系统的故障分布很难获得，在这种情况下，可将正常状态的概率密度分布，通过均值移位的方式来近似地获得故障分布。虽然这种近似可能与实际的分布偏差比较大，但是其能够反映故障分布与常态分布之间的对比关系，对更新结果的变化规律没有影响，对更新后的结果根据实际使用的经验进行适当修正，都能获得较好的效果。

3.5　小　　结

本章针对基于最小错误概率的阈值选取方法存在的问题，引入了基于最小风险的贝叶斯阈值选取准则及其实现方法。为解决贝叶斯判别准则中先验分布选取的问题，提出一种实时加权先验概率求解算法。

第4章 基于核密度估计的非参数分布密度估计算法

贝叶斯判别准则需要利用随机变量的分布密度,上一章节给出了先验分布的实时加权概率求解算法。本章主要研究分布密度 $f_{ok}(X)$ 和 $f_{fault}(X)$ 的估计方法。分布密度的估计通常有两种方法。

① 参数估计。如果系统的残差分布图形与某种已知的分布密度图形类似,那么就假设残差服从该分布,剩下的问题就是估计该分布的参数了(均值、方差等),该方法目前已经比较成熟。在实际使用过程中,最常用的分布就是正态分布,因为许多情况下,系统数据的变化都近似服从正态分布。

② 非参数估计。与参数估计方法不同的是,非参数估计无需假设系统分布符合某种已知的分布,因此它的应用更加灵活。常用的非参数估计方法主要有核密度法、直方图法、样条函数法,以及混合概率密度法等。

4.1 引　　言

针对参数方法的缺陷,Rosenblatt 于 1956 年提出核密度估计的概念。核密度估计抛弃了关于数据分布规律的假设,采用对在窗口中的数据点利用核函数进行加权平均的方法得到概率密度分布规律。它可以很方便地处理任意的概率分布,为寻找大量数据的分布规律提供了一种简单有效的方法。由于核密度估计方法无需有关数据分布的先验知识,对数据分布不附加任何假定,是一种从数据样本本身出发研究数据分布特征的方法,因此在统计学理论和应用领域均受到高度的重视。

1962 年, Parzen 发表著名的 Parzen 窗方法, 其开创性的工作为核密度估计方法的发展作出了卓越的贡献。此后, 非参数方法得到广泛的应用。

对于 d 维空间 R^d 中有 n 个数据点 $x_i, i=1, 2, \cdots, n$, 点 x 关于核函数 $K(x)$ 和 $d \times d$ 的对称正定窗宽矩阵 $\boldsymbol{H}$ 的多元核函数密度估计为

$$\hat{f}(x) = f \frac{1}{n} \sum_{i=1}^{n} K_H(x - x_i) \tag{4.1}$$

其中

$$K_H = |\boldsymbol{H}|^{\frac{1}{2}} K(\boldsymbol{H}^{\frac{1}{2}} x) \tag{4.2}$$

d 元核函数 $K(x)$ 为具有紧支集的有界函数, 满足下式, 即

$$\int_{R^d} K(x) \mathrm{d}x = 1 \tag{4.3}$$

$$\lim_{\|x\| \to \infty} \|x\|^d K(x) = 0 \tag{4.4}$$

$$\int_{R^d} x K(x) \mathrm{d}x = 0 \tag{4.5}$$

$$\int_{R^d} x x^{\mathrm{T}} K(x) \mathrm{d}x = \sigma_K I \tag{4.6}$$

其中, σ_K 为常数; $\sigma_K I$ 是核 $K(x)$ 的协方差矩阵。

多元核函数 $K(x)$ 可以由径向基函数 $K_1(x)$ 合成。合成方法有两种, 一种方法是通过径向基的乘积得到, 即

$$K^P(x) = \prod_{i=1}^{d} K_1(\|x_i\|) \tag{4.7}$$

另一种方法是在 R^d 空间中旋转 $K_1(x)$ 来合成, 即

$$K^S(x) = a_{k,d} K_1(\|x\|) \tag{4.8}$$

$$a_{k,d} = \left[\int_{R^d} K_1(\|x\|)^2 \mathrm{d}x \right]^{-1} \tag{4.9}$$

其中, $K^S(x)$ 是径向对称的, 系数 $a_{k,d}$ 保证 $K^S(x)$ 的积分为 1。

为简化处理, 通常采用一类特殊的径向对称核函数, 满足下式, 即

$$K(x) = c_{k,d} k(\| x \|^2) \qquad (4.10)$$

$$c_{k,d} = \left[\int_{R^d} k(\| x \|^2) \mathrm{d}x \right]^{-1} \qquad (4.11)$$

其中,系数 $c_{k,d}$ 选取的原则是保证 $K(x)$ 的积分为 1;$k(x)$ 为非负、递减、分段连续的函数。

定义函数 $k(x)$,$x \geqslant 0$,为核函数的原型,满足下式,即

$$\int_0^\infty k(x) \mathrm{d}x < \infty \qquad (4.12)$$

令窗宽矩阵 $H = h^2 I$,可以进一步简化密度估计的复杂度,这样只需确定一个窗宽参数 $h > 0$ 即可。值得注意的是,需要保证特征空间具有有效的欧几里得尺度。这样核密度估计函数就可以写为

$$\hat{f}(x) = \frac{1}{nh^d} \sum_{i=1}^n K\left(\frac{x - x_i}{h} \right) \qquad (4.13)$$

这就是著名的 Parzen 窗方法。将式(4.10)代入式(4.13),可得在窗宽 h,核函数为 K 时的核密度估计为

$$\hat{f}_{h,K}(x) = \frac{c_{k,d}}{nh^d} \sum_{i=1}^n k\left(\left\| \frac{x - x_i}{h} \right\|^2 \right) \qquad (4.14)$$

本书主要讨论有关一维核密度估计问题,高维的问题类似可得。

4.1.1　核函数的选择

利用核函数进行概率密度估计时,均布核、Epanechnikov 核和高斯核是最常用的核函数。它们具有结构简单、计算方便的优点,但也有一些缺点,如 Epanechnikov 核具有有限支集,却在边界上不可微,而高斯核处处可微,却不具有有限支集。为克服这些缺点,近年来一些学者努力构造了一些复杂的核函数。Mulle 和 Granovsky 发现了光滑多项式核 K_{M_S},其原型为

$$k_{M_S}(x) = (1-x)^s, \quad 0 \leqslant x \leqslant 1 \qquad (4.15)$$

其中，s 为大于 0 的整数。

光滑多项式核 K_{M_s} 的表达式为

$$K_{M_s}(x)=\begin{cases}\dfrac{\Gamma\left[1+\dfrac{d}{2}+s\right]}{\pi^{\frac{d}{2}}s!}(1-\|x\|^2)^s, & \|x\|\leqslant 1\\[2mm] 0, & \text{其他}\end{cases} \quad (4.16)$$

均布核和 Epanechnikov 核都是光滑多项式核的特例。当 $s=0$ 时，光滑多项式核的原型就是均布核的原型；当 $s=1$ 时，光滑多项式核的原型就是 Epanechnikov 核，称 K_{M_2} 为 Biweight 核，K_{M_3} 为 Triweight 核。均布核自身是不光滑的，Epanechnikov 核的导数不光滑。Biweight 核是 2 阶光滑的，Triweight 核是 3 阶光滑的。当 $s\geqslant 2$ 时，光滑多项式核兼具高斯核和 Epanechnikov 核的优点，具有有限支集和连续的导数，计算也相当方便。

4.1.2　窗宽的选择

窗宽 h 对于核密度估计是一个至关重要的参数。Epanechnikov 和 Scott 通过统计实验发现，在给定窗宽 h 时，不同核函数对核密度估计精度的影响很小。实际上，窗宽 h 对计算结果起着决定性的影响，其影响程度甚至超过了核函数形式的选择。如果 h 太小，那么结果就会不稳定；反之，如果 h 太大，则会导致结果的分辨率太低。一般来说，h 会随着 n 的增大而减小。这样在有限样本个数的约束下，需要寻找合适的 h，希望达到稳定性与分辨率之间的折中。

图 4.1 是用两个正态分布密度叠加产生 500 个数据样本，其中正态分布 1：均值为 4，标准差为 1.5，样本数量 250；正态分布 2：均值为 0，标准差为 3，样本数量 250，窗宽 h 的取值分别为 0.5，1，2.5，3。$h=1$ 是按照式(4.17)求取的最优化窗宽。

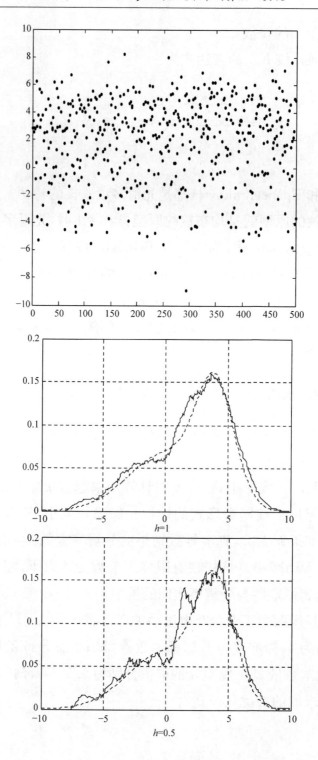

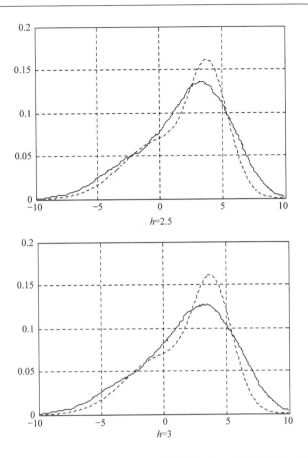

图 4.1　两个正态分布密度叠加下的实际密度分布与不同窗宽下的估计密度

　　图中虚线为实际的密度分布,实线表示不同窗宽下的估计密度。从图中可以明显看出,h 取值对密度估计结果的影响。

　　目前,有关窗宽选择的方法并不是很多,大致可分为以下几种方法,即交错鉴定方法、惩罚函数法和插入法,常用的是插入法,即把未知函数的估计插入渐近公式以选择最佳窗宽。插入法的思想最初由Woodroofe 在进行密度估计时引入,Sheather 和 Jones,Gasser 改进了这一方法,改进的插入法有好的理论分析性质和好的实际效果,并且被认为比交错鉴定方法和惩罚函数法要好。在插入法的研究中又可分为以下两个方向。

（1）固定窗宽

这是目前最为常见和有效的方法，大多密度估计的问题都是基于此而展开的，它是基于最小平方差的思想（least square cross-validation，LSCV），根据积分均方误差（mean integral square error，MISE）最小，求出最优窗宽。对于一元高斯核，其优化的窗宽为

$$h_{\text{opt}} = 1.059\sigma n^{-\frac{1}{5}} \tag{4.17}$$

其中，$\sigma = \sqrt{\dfrac{1}{n}\sum\limits_{i=1}^{n}(Y_i - \bar{Y})}$；$n$ 为样本数。

（2）变窗宽

既然窗宽的取值与样本的稀疏程度有关，而固定窗宽无法适应这些变化，因此希望窗宽能根据数据的变化而变化。目前，有关变窗宽的文献不多见，叶阿忠和茹诗松论述了变窗宽的思想，将核密度估计函数表达式 $\hat{f}(x) = \dfrac{1}{nh^d}\sum\limits_{i=1}^{n}K\left[\dfrac{x-x_i}{h}\right]$ 中的 h 变为 h_i，使其根据样本点的变化而变化，以获得更好的估计效果。

4.2　基于积分均方误差的窗宽优化算法

现有的关于窗宽的优化算法，主要是基于积分均方误差的固定窗宽优化。

MISE 定义为

$$\begin{aligned}
\text{MISE}(\hat{f}(x)) &= E\!\int [\hat{f}(x) - f(x)]^2 \mathrm{d}x \\
&= \int [E\hat{f}(x) - f(x)]^2 \mathrm{d}x + \int \text{Var}\hat{f}(x)\mathrm{d}x
\end{aligned} \tag{4.18}$$

分解后的第一项表示 $\hat{f}$ 的期望值与真实值之间偏差平方的积分，简称偏差，将 $E\hat{f}(x) - f(x)$ 记为 bias$(\hat{f}(x))$；第二项表示估计值的方差积

分,简称方差。对上式求解,可以得到如下结果,即

$$\text{bias}(\hat{f}(x))^2 \approx \frac{1}{4}h^4 k_2^2 f''(x)^2 \tag{4.19}$$

$$\text{Var}\hat{f}(x) \approx \frac{1}{nh}f(x)\int K(t)^2 \mathrm{d}t \tag{4.20}$$

$$\text{MISE}(\hat{f}(x)) = \frac{1}{4}h^4 k_2^2 \int f''(x)^2 \mathrm{d}x + \frac{1}{nh}\int K(t)^2 \mathrm{d}t + O\left[h^4 + \frac{1}{nh}\right] \tag{4.21}$$

其中,$k_2 = \int t^2 K(t)\mathrm{d}t$。

令

$$\text{AMISE}(\hat{f}(x)) = \frac{1}{4}h^4 k_2^2 \int f''(x)^2 \mathrm{d}x + \frac{1}{nh}\int K(t)^2 \mathrm{d}t \tag{4.22}$$

因此,要求 $\text{MISE}(\hat{f}(x))$ 的最小值,近似地只须求解 $\text{AMISE}(\hat{f}(x))$ 的最小值即可,对 $\text{AMISE}(\hat{f}(x))$ 求导,并令一阶导数为零得到最优窗宽,即

$$h_* = \left[\frac{\int K(t)^2 \mathrm{d}t}{k_2^2 \int f''(x)^2 \mathrm{d}x}\right]^{\frac{1}{5}} n^{-\frac{1}{5}} \tag{4.23}$$

对应的 $\text{AMISE}(\hat{f}(x))$ 最小值为 $\frac{5}{4}n^{-\frac{4}{5}}k_2^{\frac{2}{5}}\left(\int K(t)^2 \mathrm{d}t\right)^{\frac{4}{5}}\left(\int f''(x)^2 \mathrm{d}x\right)^{\frac{1}{5}}$

最优窗宽的表达式依赖于 $f(x)$,但其未知,通常对其作服从 $N(u, \sigma^2)$ 的假设,经过计算,便可求得最优窗宽的表达式,即

$$h_{\text{opt}} = 1.059\sigma n^{-\frac{1}{5}} \tag{4.24}$$

从上述论述可以得出如下结论。

① 在核密度估计中,偏差和方差都要取得最小值是矛盾的。这一点可从 $\text{AMISE}(\hat{f}(x))$ 的表达式(4.22)看出,估计的偏差正比于 h^4,而估计的方差反比于 h,因此两者不可能同时取最小值。对于最优窗宽的选择,实际上是在两者矛盾之间的折中。如果窗宽足够小,则核估计接

近无偏估计,然而为了减少方差,又需要较大的窗宽。

② 利用 MISE$(\hat{f}(x))$评价估计精度是基于整个变量定义域,获得的一个整体最优折中值。

4.3　基于样本点的变窗宽算法的不可实现性讨论

取变窗宽核密度估计表达式为

$$\hat{f}_b(x) = \frac{1}{nh_i} \sum_{i=1}^{n} K\left(\frac{x-x_i}{h_i}\right) \tag{4.25}$$

其中,h_i 为样本点 x_i 处的窗宽取值。

为了以下论述更加清晰,这里把两个概念强化一下,x 称为估计点,包含 x 的闭区间称为估计带,x_i 称为样本点,则

$$\begin{aligned}
\mathrm{bias}(\hat{f}_b(x)) &= E[\hat{f}_b(x)] - f(x) \\
&= \frac{1}{n}\sum_{i=1}^{n} E\left[\frac{1}{h_i} K\left(\frac{x-x_i}{h_i}\right)\right] - f(x) \\
&= \frac{1}{n}\sum_{i=1}^{n} \int K(t) f(x-h_i t)\,\mathrm{d}t - f(x) \\
&= \frac{1}{n}\sum_{i=1}^{n} \int K(t)(f(x-h_i t) - f(x))\,\mathrm{d}t
\end{aligned} \tag{4.26}$$

其中,$t = \dfrac{x-x_i}{h}$。

对 $f(x-h_i t)$ 利用泰勒公式展开有如下结果,即

$$\mathrm{bias}(\hat{f}_b(x)) = \frac{1}{2n}\left(\sum_{i=1}^{n} h_i^2\right) f''(x) k_2 + \frac{1}{n}\sum_{i=1}^{n} O(h_i^2) \tag{4.27}$$

$$\mathrm{bias}(\hat{f}_b(x))^2 \approx \frac{1}{4n^2}\left(\sum_{i=1}^{n} h_i^2\right)^2 f''(x)^2 k_2^2 \tag{4.28}$$

同理

$$\mathrm{Var}\hat{f_b}(x) = \frac{1}{n^2}\sum_{i=1}^{n}\left[E\left[\frac{1}{h_i}K\left[\frac{x-x_i}{h}\right]\right]^2 - \left[E\left[\frac{1}{h_i}K\left[\frac{x-x_i}{h}\right]\right]\right]^2\right]$$

$$= \frac{1}{n^2}\sum_{i=1}^{n}h_i^{-1}f(x)\int K^2(t)\mathrm{d}t + O\left(n^{-2}\left(\sum_{i=1}^{n}h_i^{-1}\right)\right)$$

$$\approx \frac{1}{n^2}\sum_{i=1}^{n}h_i^{-1}f(x)\int K^2(t)\mathrm{d}t \tag{4.29}$$

则

$$\mathrm{AMISE}(\hat{f_b}(x)) = \frac{1}{4n^2}\left(\sum_{i=1}^{n}h_i^2\right)^2 k_2\int f''(x)^2\mathrm{d}x + \frac{1}{n^2}\sum_{i=1}^{n}h_i^{-1}\int K^2(t)\mathrm{d}t \tag{4.30}$$

对上式求偏导数并令其为零,可以得到如下 n 维方程组,即

$$\begin{cases} 4C_1 h_1 \sum\limits_{i=1}^{n}h_i + C_2 h_1^{-2} = 0 \\[2mm] 4C_1 h_2 \sum\limits_{i=1}^{n}h_i + C_2 h_2^{-2} = 0 \\[2mm] \quad\vdots \\[2mm] 4C_1 h_n \sum\limits_{i=1}^{n}h_i + C_2 h_n^{-2} = 0 \end{cases} \tag{4.31}$$

其中,$C_1 = \dfrac{1}{4n^2}k_2\displaystyle\int f''(x)^2\mathrm{d}x \geqslant 0$,$C_2 = \dfrac{1}{n^2}\displaystyle\int K^2(t)\mathrm{d}t \geqslant 0$,都为常数;$h_i > 0$ 为待求变量。

将方程组两边都乘以 h_i^2,则原方程组变为

$$\begin{cases} 4C_1 h_1^3 \sum\limits_{i=1}^{n}h_i + C_2 = 0 \\[2mm] 4C_1 h_2^3 \sum\limits_{i=1}^{n}h_i + C_2 = 0 \\[2mm] \quad\vdots \\[2mm] 4C_1 h_n^3 \sum\limits_{i=1}^{n}h_i + C_2 = 0 \end{cases} \tag{4.32}$$

如果方程组有解,则可以设 $\sum_{i=1}^{n} h_i = H, H$ 为常数,有

$$
\begin{cases}
4HC_1h_1^3 + C_2 = 0 \\
4HC_1h_2^3 + C_2 = 0 \\
\quad\quad\vdots \\
4HC_1h_n^3 + C_2 = 0
\end{cases}
\tag{4.33}
$$

因此,如果方程组有解,则其解为

$$
h_1 = h_2 = \cdots = h_n
\tag{4.34}
$$

至此可以得出这样的结论,采用积分均方误差最小思想,基于样本点的变窗宽算法无法实现,该算法的最优结果仍然是固定窗宽得到的结果。

4.4　基于估计点的滑动窗宽核密度估计算法

从上面的论述中,可以得到如下启发。

① 如果对定义域中的每一点都能够计算出其最优值,那么自然整个定义域内的估计结果也是最优的。

② 基于样本点的变窗宽方法不可行,是否可以考虑采用基于估计点的变窗宽。

利用前面得到的结果,设 $\text{MSE} = \text{bias}\,(\hat{f}(x))^2 + \text{Var}\hat{f}(x)$,对其关于 h 求导可以得到下式,即

$$
\text{MSE}' \approx h^3 f''\,(x)^2 k_2^2 - \frac{1}{nh^2} f(x)\int K\,(t)^2 \mathrm{d}t
\tag{4.35}
$$

令其为零,可以求得窗宽 $h\,(x)_*$ 的表达式,即

$$
h\,(x)_* = \left(\frac{f(x)\displaystyle\int K\,(t)^2 \mathrm{d}t}{k_2^2 f''\,(x)^2} \right)^{\frac{1}{5}} n^{-\frac{1}{5}}
\tag{4.36}
$$

从上式可以看出，$h(x)_*$ 的值与待求密度估计点 x 有关，是基于估计点的优化，其值随着估计点的不同而不同，利用上式得到的结果在求解 x 分布密度时，窗宽的取值随着 x 的变化而变化，因此称之为基于估计点的滑动窗宽。在固定窗宽中，最优窗宽值与 x 的具体取值无关。

由于 $f(x)$ 未知，因此该式无法计算，在前面的最优窗宽的计算中，通过假设 $f(x)$ 服从 $N(u,\sigma^2)$，得到计算结果。这里如果仍然沿用原来的假设，显然行不通，因为上式对未知分布准确性的要求更加严格，是基于每一点的优化。

一个自然的想法是，用 $\hat{f}(x)$ 代替 $f(x)$，因为对于一个未知分布，通过核密度估计获得的分布密度估计多数情况下，应该比一个假设的分布更加接近实际。因此，用 $\hat{f}(x)$ 代替 $f(x)$，对上式求解。如果核函数为高斯核函数 $K(t)=\dfrac{1}{\sqrt{2\pi}}\mathrm{e}^{-\frac{t^2}{2}}$（其他核函数也可通过相同方法解决），则

$$\hat{f}(x)=\frac{1}{nh}\sum_{i=1}^{n}K\left(\frac{x-x_i}{h}\right) \tag{4.37}$$

$$\hat{f}''(x)=\frac{1}{nh^3}\sum_{i=1}^{n}\frac{1}{\sqrt{2\pi}}(t^2\mathrm{e}^{-\frac{t^2}{2}}-\mathrm{e}^{-\frac{t^2}{2}}) \tag{4.38}$$

其中，$t=\dfrac{x-x_i}{h}$。

因此，根据前面固定窗宽的推导公式 $h=\left[\dfrac{\displaystyle\int K(t)^2\mathrm{d}t}{k_2^2\displaystyle\int f''(x)^2\mathrm{d}x}\right]^{\frac{1}{5}}n^{-\frac{1}{5}}$ 的

结果，将式（4.36）与之比较可以得到，即

$$h(x)_*=h\times\frac{c^{0.2}\hat{f}(x)^{0.2}}{\hat{f}''(x)^{0.4}}=h^{1.8}c^{0.2}\frac{\hat{f}(x)^{0.2}}{\left[\displaystyle\sum_{i=1}^{n}\frac{1}{nh}t^2K(t)-\hat{f}(x)\right]^{0.4}}$$

$$\tag{4.39}$$

其中,h 为固定窗宽的优化值;$c = \int \hat{f}''(x)^2 \mathrm{d}x = \dfrac{3}{8}\pi^{-0.5}h^{-5}$。

c 本来应为 $c = \int f''(x)^2 \mathrm{d}x$,由于滑动窗宽算法中使用估计函数 $\hat{f}(x)$ 代替固定窗宽中的假设函数 $f(x)$,因此采用 $c = \int \hat{f}''(x)^2 \mathrm{d}x$ 来修正。

将 $h(x)_*$ 代入 $\mathrm{MSE} = \mathrm{bias}\,(\hat{f}(x))^2 + \mathrm{Var}\hat{f}(x)$ 求出 MSE 的最小值为

$$
\begin{aligned}
\mathrm{MSE}(\hat{f}(x)) &\approx \mathrm{bias}\,(\hat{f}(x))^2 + \mathrm{Var}\hat{f}(x) \\
&= \frac{1}{4}h(x)_*^4 k_2^2 f''(x)^2 + \frac{1}{nh(x)_*} f(x)\int K(t)^2 \mathrm{d}t \\
&= \frac{5}{4}n^{-\frac{4}{5}} k_2^{\frac{2}{5}} \left(\int K(t)^2 \mathrm{d}t\right)^{\frac{4}{5}} f(x)^{\frac{4}{5}} f''(x)^{\frac{2}{5}}
\end{aligned}
\tag{4.40}
$$

至此,可以得出基于估计点的滑动窗宽 $h(x)_*$ 的核密度估计函数为

$$
\hat{f}(x)_* = \frac{1}{nh(x)_*}\sum_{i=1}^{n} K\left[\frac{x - x_i}{h(x)_*}\right]
\tag{4.41}
$$

因此,有如下基于估计点的滑动窗宽优化(基于高斯核函数,其他核函数类似可得)。

4.4.1　基于估计点的滑动窗宽核密度估计算法步骤

① 根据已知公式 $h = 1.059\sigma n^{-\frac{1}{5}}$,选择最优固定窗宽 h。

② 按照固定窗宽的计算方法,求取核密度估计函数 $\hat{f}(x) = \dfrac{1}{nh}\sum\limits_{i=1}^{n} K\left[\dfrac{x - x_i}{h}\right]$。

③ 根据 $\hat{f}(x)$ 的结果,求出 $\hat{f}''(x) = \dfrac{1}{nh^3}\sum\limits_{i=1}^{n}\dfrac{1}{\sqrt{2\pi}}(t^2 \mathrm{e}^{-\frac{t^2}{2}} - \mathrm{e}^{-\frac{t^2}{2}})$。

④ 根据给定估计点 x,求取优化后的窗宽。

$$h(x)_* = h^{1.8}c^{0.2}\frac{\hat{f}(x)^{0.2}}{\left[\sum_{i=1}^{n}\frac{1}{nh}t^2K(t)-\hat{f}(x)\right]^{0.4}}$$

$$c = \int \hat{f}''(x)^2 \mathrm{d}x = \frac{3}{8}\pi^{-0.5}h^{-5}$$

⑤ 优化后的核密度估计函数为

$$\hat{f}(x)_* = \frac{1}{nh(x)_*}\sum_{i=1}^{n}K\left(\frac{x-x_i}{h(x)_*}\right)$$

4.4.2　基于估计点的滑动窗宽核密度估计算法验证

① 仍然采用前面用到的两个正态分布叠加的 500 个样本,当分布区域取[−4,6],估计点取 100 时,估计密度图形与各估计点偏差绝对值的平均。

对于固定窗宽算法为

$$\sum_{i=1}^{n}|f(x_i)-\hat{f}(x_i)|/n$$

对于滑动窗宽算法为

$$\sum_{i=1}^{n}|f(x_i)-\hat{f}(x_i)_*|/n$$

上述平均值分别用 $\mathrm{EA}(\hat{f}(x))$ 和 $\mathrm{EA}(\hat{f}(x)_*)$ 表示。可得滑动窗宽的变化分别如图 4.2 所示。

从图 4.2(a)(虚线代表真实的密度值)中可以看出,采用基于估计点的滑动窗宽核密度估计的结果(下方的图)比固定窗宽的估计效果(上方的图)要好,其图形与真实的密度分布更加接近,并且光滑度更好。

图 4.2(b)反映的是在各个估计点两种估计方法的偏差绝对值的大小,可以看出,滑动窗宽(下方的图)的精度高一些。在本例中,$\mathrm{EA}(\hat{f}(x))=0.0082$,$\mathrm{EA}(\hat{f}(x)_*)=0.0080$,精度提高 3.1%。

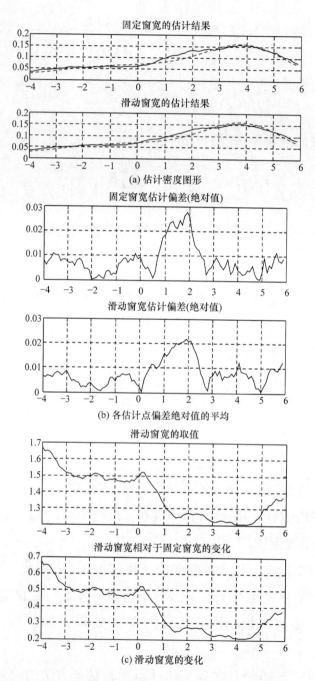

(a) 估计密度图形

(b) 各估计点偏差绝对值的平均

(c) 滑动窗宽的变化

图 4.2　估计密度图形、各估计点偏差以及滑动窗宽的变化

图 4.2(c) 表示的是滑动窗宽的变化规律,上方的图是实际的滑动窗宽,下方的图为滑动窗宽减去固定窗宽($h=1$)的结果。从该图中可以看出,滑动窗宽的值比固定窗宽的值要大,因此其分布密度更加平滑,但是其精度反而没有降低,这一点很重要。在实际应用中,人们最希望得到的结果就是,既有足够的精度,又有很好的稳定性,而滑动窗宽的优化结果比固定窗宽算法更加接近这个要求。另外,还可以看出,在分布密度大的区域,窗宽值降低,反之,窗宽加大。这说明滑动窗宽可以自动的调整窗宽的值,能够根据样本的分布情况,在不同的估计点调整窗宽的取值,使其在该点最优。

② 仍然沿用上面的数据分布,但是样本数量取 30(每种正态分布各取 15),其中估计点取 100 个,此时的最优固定窗宽为 1.7647,估计范围为$[-4,6]$。估计结果如图 4.3 所示,含义与图 4.2 相同。两种方法偏差的绝对值平均的结果分别为 $\mathrm{EA}(\hat{f}(x))=0.0185$,$\mathrm{EA}(\hat{f}(x)_*)=0.0142$,滑动窗宽的估计效果提高 23.3%。

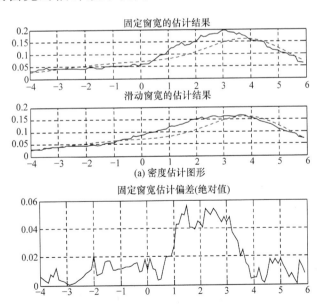
(a) 密度估计图形

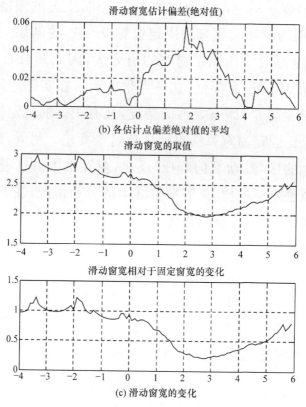

图 4.3　小样本情况下两种算法的估计结果比较

4.4.3　基于估计点的滑动窗宽核密度估计算法总结

按照上述方法,采用不同分布数据作多组对比试验(表 4.1),有如下结果。

① 算法得到的估计结果在图形的平滑度上优于固定窗宽的估计结果。

② 算法偏差绝对值的平均值,绝大多数情况下小于固定窗宽的平均值,并且对于小样本情况的效果更加明显。

③ 算法的绝对值平均值,与估计点个数关系不大。

④ 算法在样本分布集中区域(分布密度值大的区域,也是实际中最常使用的区域)的估计精度,以及平滑度上,一般优于固定窗宽的方法。

⑤ 算法在某些样本中,在分布密度的边缘区域出现较大的误差。

⑥ 算法求得的窗宽,其最小值通常都大于固定窗宽的值,然而其估计精度却没有降低。

⑦ 算法在样本分布的边缘区域,由于样本的稀疏性导致窗宽值急剧增大,因此编程实现中对于不在样本最大值和最小值之间区域中的窗宽值,取样本区域中窗宽的最大值。

4.5 基于估计点的滑动双窗宽核密度估计算法

在基于估计点的滑动窗宽核密度估计算法中,如果直接对采用固定窗宽算法求得的 $\hat{f}(x)$ 二次求导来代替 $f''(x)$,会有较大偏差。一般情况下,按照固定窗宽算法求得 $\hat{f}(x)$ 密度图形光滑性不是很好,曲线局部起伏程度较大,虽然 $\hat{f}(x)$ 与 $f(x)$ 偏差可能不大,可用于代替 $f(x)$,但是对其二次求导来代替 $f''(x)$,失真严重。因此,如果能够对 $\hat{f}(x)$ 进行适当的处理,使其更加平滑,有利于减小 $\hat{f}''(x)$ 与 $f''(x)$ 的偏差。

我们知道,核密度估计图形的光滑程度主要取决于窗宽,窗宽越大,密度图形的光滑程度越好。因此,为了减小 $\hat{f}''(x)$ 与 $f''(x)$ 之间的偏差,可以适当的加大固定窗宽值,从而取得较好效果。

根据上述思想,我们采用固定窗宽算法求得的 $\hat{f}(x)$ 代替 $f(x)$,采用加大窗宽值求得的 $\hat{f}''_H(x)$ 代替 $f''(x)$,对式(4.36)求解。由于求解过程中 $\hat{f}(x)$ 和 $\hat{f}_H(x)$ 采用不同的窗宽值,因此称其为基于估计点的滑动双窗宽核密度估计算法,简称双窗宽算法。下面以高斯核函数 $K(t) = \dfrac{1}{\sqrt{2\pi}} e^{-\frac{t^2}{2}}$(其他核函数也可通过相同方法解决)为例对算法进行推导,有如下结果,即

$$\hat{f}(x) = \frac{1}{nH} \sum_{i=1}^{n} K\left[\frac{x - x_i}{H}\right] \tag{4.42}$$

$$\hat{f}_H(x) = \frac{1}{nH^3} \sum_{i=1}^{n} \frac{1}{\sqrt{2\pi}} (t^2 e^{-\frac{t^2}{2}} - e^{-\frac{t^2}{2}}) \qquad (4.43)$$

其中,H 为调整后的窗宽值,$H=ah$,通常 $a>1$,称为窗宽调节系数,h 为固定算法窗宽的优化值;$t=\dfrac{x-x_i}{H}$。

据式(4.36),可以得到双窗宽算法的窗宽值,即

$$h(x)_* = c^{0.2} n^{-0.2} H^{0.8} \frac{\hat{f}(x)^{0.2}}{\left[\sum_{i=1}^{n} \frac{1}{nH} \frac{1}{(1-e^{-1})} \frac{1}{\sqrt{2\pi}} t^2 e^{-\frac{t^2}{2}} - \hat{f}_H(x) \right]^{0.4}}$$

$$(4.44)$$

其中,$c = \dfrac{\int K(t)^2 dt}{k_2^2}$。

基于双窗宽算法的核密度估计函数为

$$\hat{f}(x)_* = \frac{1}{nh(x)_*} \sum_{i=1}^{n} K\left[\frac{x-x_i}{h(x)_*} \right] \qquad (4.45)$$

因此,有如下的基于估计点的滑动双窗宽核密度估计算法。

4.5.1　基于估计点的滑动双窗宽核密度估计算法步骤

① 根据式 $h=1.059 \sigma n^{-\frac{1}{5}}$,计算基于固定窗宽算法的窗宽 h。

② 根据式 $\hat{f}(x) = \dfrac{1}{nh^d} \sum\limits_{i=1}^{n} K\left[\dfrac{x-x_i}{h} \right]$,求 $\hat{f}(x)$。

③ 计算 $H=ah, a>1$。

④ 根据式 $\hat{f}(x) = \dfrac{1}{nH} \sum\limits_{i=1}^{n} K\left[\dfrac{x-x_i}{H} \right]$,求 $\hat{f}_H(x)$。

⑤ 根据式 $\hat{f}_H(x) = \dfrac{1}{nH^3} \sum\limits_{i=1}^{n} \dfrac{1}{\sqrt{2\pi}} (t^2 e^{-\frac{t^2}{2}} - e^{-\frac{t^2}{2}})$,求 $\hat{f}_H(x)$。

⑥ 根据式 $h(x)_* = c^{0.2} n^{-0.2} H^{0.8} \dfrac{\hat{f}(x)^{0.2}}{\left(\sum\limits_{i=1}^{n} \dfrac{1}{nH} \dfrac{1}{(1-e^{-1})} \dfrac{1}{\sqrt{2\pi}} t^2 e^{\frac{t^2}{2}} - \hat{f}_H(x) \right)^{0.4}}$，

在不同的估计点计算 $h(x)_*$。

⑦ 基于估计点的滑动双窗宽核密度估计算法的核密度估计函数，即

$$\hat{f}(x)_* = \frac{1}{nh(x)_*} \sum_{i=1}^{n} K \left[\frac{x - x_i}{h(x)_*} \right]$$

4.5.2　基于估计点的滑动双窗宽核密度估计算法验证

用 3 个正态分布密度叠加产生 600 个数据样本，其中正态分布 1 的均值为 4，标准差为 1.5，样本数量 200；正态分布 2 的均值为 0，标准差为 3，样本数量 200；正态分布 3 的均值为 5，标准差为 2，样本数量 200。分布区域取 $[-8,10]$，估计点个数取 900，固定窗宽为 $h=0.7683$。

分别采用基于固定窗宽算法和双窗宽算法对其进行密度估计，密度估计的图形、各估计点偏差绝对值的平均。对于固定窗宽算法为

$$\sum_{i=1}^{n} |f(x_i) - \hat{f}(x_i)| / n$$

其中，n 为估计点个数。

对于双窗宽算法为

$$\sum_{i=1}^{n} |f(x_i) - \hat{f}(x_i)_*| / n$$

以下分别用 $\mathrm{EA}(\hat{f}(x))$ 和 $\mathrm{EA}(\hat{f}(x)_*)$ 表示。窗宽的变化分别如图 4.4～图 4.6 所示。

从图 4.4（虚线代表真实的密度值）可以看出，采用双窗宽算法的密度估计结果（图 4.4(b)）比固定窗宽算法的估计结果（图 4.4(a)）要好，其图形与真实的密度分布更加接近，并且光滑度更好。在双窗宽算法中，$H=9h$。

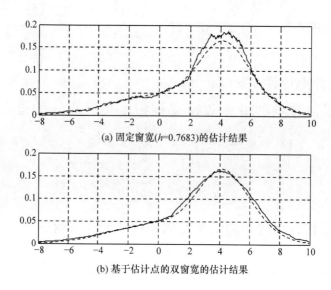

(a) 固定窗宽(h=0.7683)的估计结果

(b) 基于估计点的双窗宽的估计结果

图 4.4　两种算法的密度估计结果

　　图 4.5 反映的是在各个估计点两种估计方法的偏差绝对值的大小,可以看出,双窗宽算法密度估计(图 4.5(b)和图 4.5(c))的精度高一些。在本例中,$\mathrm{EA}(\hat{f}(x)) = 0.0056$,$\mathrm{EA}(\hat{f}(x)_*) = 0.0043$,精度提高 23.05%。

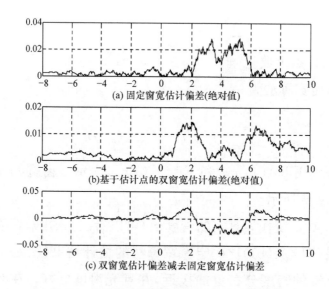

(a) 固定窗宽估计偏差(绝对值)

(b)基于估计点的双窗宽估计偏差(绝对值)

(c) 双窗宽估计偏差减去固定窗宽估计偏差

图 4.5　两种算法密度估计偏差绝对值的平均

图 4.6 表示的是两种算法方法的窗宽变化情况,图上方的曲线是固定窗宽算法的窗宽,下方的直线为双窗宽算法的窗宽。从该图可以看出,双窗宽算法的窗宽值比固定窗宽算法的窗宽值要大,因此采用双窗宽算法的分布密度图形更加平滑,但是其精度反而没有降低,这一点很重要。在实际应用中,人们最希望得到的结果就是既有足够的精度,又有很好的稳定性。在双窗宽算法的密度估计结果比固定窗宽算法更加接近这个要求。另外,还可以看出,在双窗宽算法中,在分布密度大的区域,窗宽值降低;反之,窗宽加大。这说明,双窗宽算法可以自动的调整窗宽的值,能够根据样本的分布情况,在不同的估计点调整窗宽的取值,使其在该点最优。

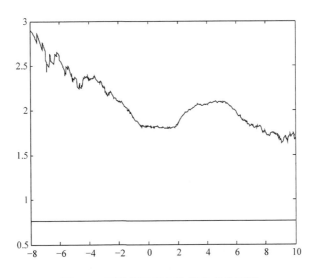

图 4.6　两种算法窗宽取值的变化情况

图 4.7 为采用不同窗宽的密度估计函数的二阶导数绝对值的变化情况。虚线表示 $|\hat{f}''(x)|$,即根据固定窗宽算法求到的窗宽值 h,计算得到的二阶导数。实线表示 $|\hat{f}_H(x)|$,即根据加大窗宽值 H,计算的二阶导数。可以看出,$|\hat{f}_H(x)|$ 和 $|\hat{f}''(x)|$ 的差异明显,$|\hat{f}_H(x)|$ 的平滑性明显优于 $|\hat{f}''(x)|$。在通常情况下,真实密度函数的二阶导数应该是较光滑的。

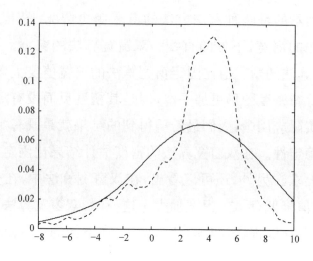

图 4.7 两种窗宽密度估计函数的二阶导数的变化情况

4.5.3 基于估计点的滑动双窗宽核密度估计算法总结

① 在保证精度提高的前提下,双窗宽算法的估计图形在平滑度上总能优于固定窗宽算法的估计结果,部分实验的精度虽然提高不明显,但是其平滑度改善显著。

② 选择适当的 a 值,双窗宽算法偏差绝对值的平均值总能小于固定窗宽算法的平均值,可以通过观察的方法对 a 进行取值。在保证双窗宽算法的估计图形与固定窗宽算法的估计图形大致相当情况下,尽量增大参数 a 的值,通常能够取得满意效果。

③ 双窗宽算法求得的窗宽,其最小值通常都大于双窗宽算法的窗宽值,然而其估计精度却没有降低。

④ 双窗宽算法偏差的绝对值平均值,与估计点个数关系不大。

⑤ 双窗宽算法的效果受窗宽调节系数 a 的影响明显。

双窗宽算法采用基于估计点的变窗宽思想,利用固定窗宽算法求得的估计函数来代替假设的密度分布函数,实现自适应变窗宽。通过加大估计函数的二阶导数的窗宽值,来减少其与真实密度函数的变差,从而改善估计效果(精度和平滑度)。

根据目前的研究成果,还需要在以下两方面继续深入研究和探讨。

① 双窗宽算法的估计效果受窗宽调节系数 a 的影响很大,关于参数 a 选取的理论或经验公式需要深入研究。

② 双窗宽算法的计算量比固定窗宽算法的计算量要大,特别是,多维密度估计时的计算量更大,因此对于实时性要求高的应用场合,需要研究减少双窗宽算法计算量的问题。

4.6　基于估计带的滑动窗宽核密度估计算法

我们再来看一种基于估计点的滑动窗宽核密度估计算法,从 $h(x)_*$ 的表达式(4.36)和式(4.39)可以看出,当 $f''(x) \approx 0$ 时,窗宽 $h(x)_*$ 值偏大;当 $f''(x) = 0$ 时,窗宽 $h(x)_*$ 为无穷大,密度估计函数的取值变为零。导致基于估计点的滑动窗宽优化算法中窗宽 $h(x)_*$ 急剧增大或者变为无穷大的点 x,就是所谓的奇异点。

基于估计点的滑动窗宽优化算法中窗宽 $h(x)_*$ 出现急剧增大的问题,会导致密度函数的分布密度出现跳变。图 4.8 为采用基于估计点的滑动窗宽优化算法对一个正态分布进行估计的结果,图中虚线为真实的密度函数,实线为估计的密度函数。从图 4.8 可以清楚看出奇异点对密度估计结果的影响。

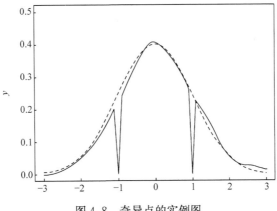

图 4.8　奇异点的实例图

在理论上,奇异点问题出现的根源在于 $\hat{f}''(x) \approx 0$ 或者 $\hat{f}''(x) = 0$。在实际计算中,$\hat{f}''(x)$ 的值受估计点和样本分布影响较大,实验发现前述的基于估计点的滑动窗宽优化算法中,出现奇异点的区域一般都位于样本分布的稀疏区域,也就是说,由于样本的稀疏性往往会导致窗宽值急剧增大。

由于 $h(x)_*$ 的计算是基于估计函数 $\hat{f}(x)$,而 $\hat{f}(x)$ 的估计优化是基于整个分布范围内的,在整个分布范围内这种估计是优化的,但是在其定义域内的某些点上(样本分布的稀疏区域)$h(x)_*$ 的估计偏差可能较大。这些偏差较大的点使得 $\hat{f}(x)_*$ 出现较大偏差,也就导致出现奇异点的问题。自然的可以采用如下方法来克服这个问题,将变窗宽核密度估计算法中的窗宽 $h(x)_*$ 的取值,由原来的每一点对应一个优化的窗宽,转变为多点对应一个相同的优化窗宽,也就是说将原来的点优化,转化为小区间范围内的优化,因此将这种算法称为基于估计带的滑动窗宽核密度估计算法,基于估计带的滑动窗宽核密度估计算法能够减弱估计偏差大的点对结果的影响程度,同时也能够增强估计结果的平滑性。

4.6.1　基于估计带的滑动窗宽核密度估计算法步骤

算法具体实现如下(基于高斯核函数,其他核函数类似可得)。

① 根据经验公式 $h_{\text{opt}} = 1.059 \sigma n^{-\frac{1}{5}}$,选择最优固定窗宽 h。

② 按照固定窗宽的计算方法,求取核密度估计函数,即

$$\hat{f}(x) = \frac{1}{nh} \sum_{i=1}^{n} K\left[\frac{x - x_i}{h}\right]$$

③ 根据 $\hat{f}(x)$ 的结果,求出

$$\hat{f}''(x) = \frac{1}{nh^3} \sum_{i=1}^{n} \frac{1}{\sqrt{2\pi}} (t^2 e^{-\frac{t^2}{2}} - e^{-\frac{t^2}{2}})$$

④ 根据给定估计点 x,求取优化后的窗宽,即

$$h(x)_* = h^{1.8}c^{0.2}\frac{\hat{f}(x)^{0.2}}{\left[\sum_{i=1}^{n}\frac{1}{nh}t^2K(t)-\hat{f}(x)\right]^{0.4}},$$

$$c = \int \hat{f}''(x)^2 \mathrm{d}x = \frac{3}{8}\pi^{-0.5}h^{-5}$$

⑤ 根据分布的定义域区间 $[a,b]$（可以根据样本值粗略计算），将其均匀的划分为 N 个子区间 $[a,b_1],[b_1,b_2],\cdots,[b_{N-1},b]$。

⑥ 设 $h(x)_*$ 在每个子区间中取 M 个值，从小到大分别为 $h(x_1)_*$，$h(x_2)_*,\cdots,h(x_M)_*$，则对于第 j 个子区间的窗宽为

$$H_{*j}(x) = \left(\sum_{i=1}^{M-1}h(x_i)_*\right)/(M-1), \quad j=1,2,\cdots,N$$

⑦ 当估计点位于定义域的第 j 个子区间时（$j=1,2,\cdots,N$），核密度估计函数为

$$\hat{F}_{*j}(x) = \frac{1}{n}\sum_{i=1}^{n}\frac{1}{nH_{*j}(x)}K\left[\frac{x-x_i}{H_{*j}(x)}\right]$$

4.6.2　基于估计带的滑动窗宽核密度估计算法验证

1. 样本特性

用两个正态分布密度叠加产生 30 个数据样本。
① 正态分布 1，均值为 4，标准差为 1.5，样本数量 15 个。
② 正态分布 2，均值为 0，标准差为 3，样本数量 15 个。

2. 基于估计点的滑动窗宽核密度估计算法参数

密度估计区域取 $[-4,6]$，估计点的个数为 100。

3. 基于估计带的滑动窗宽核密度估计算法参数

密度估计区域取 $[-4,6]$，估计点的个数为 100，估计子区间划分为

10 个。

两种算法的密度估计结果如图 4.9 所示。

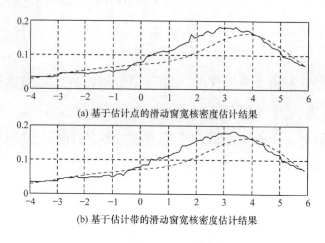

(a) 基于估计点的滑动窗宽核密度估计结果

(b) 基于估计带的滑动窗宽核密度估计结果

图 4.9　两种算法的密度估计结果

从图 4.9(虚线代表真实的密度值)可以看出,采用基于估计带的滑动窗宽核密度估计算法的密度估计结果(图 4.9(b))比基于估计点的滑动窗宽核密度估计算法的估计结果(图 4.9(a))要好,其图形光滑度更好。

对两种方法在各个估计点密度偏差的绝对值求和,然后取平均的结果分别为 0.0141(基于估计点的滑动窗宽核密度估计算法)和 0.0135(基于估计带的滑动窗宽核密度估计算法),精度提高 4.3%。

可见,基于估计带的滑动窗宽核密度估计算法的平滑度与精度进一步提高,其窗宽的取值也变平滑。

4.6.3　基于估计带的滑动窗宽核密度估计算法总结

对多种分布与不同样本数目的样本进行实验,详细结果如表 4.1 所示,具有如下规律。

① 基于估计带的滑动窗宽核密度估计算法的平滑度较好,只要子区间点数选择得当,其精度比基于估计点的方法要高。

② 基于估计带的滑动窗宽核密度估计算法的精度与子区间的划分

有一定关系,当基于估计点算法的估计精度较高时,子区间的划分应当窄一些(点数少),反之就应当宽一些(包含点数多)。

③ 基于估计带的滑动窗宽核密度估计算法能够减弱估计结果中某些点偏差较大的情况(表中加粗表示,指数分布的第二行,$EA(\hat{f}(x)_*)=0.0565$,而 $EA(\hat{F}_*(x))=0.0426$,精度分别提高 7.6% 和 30.2%。其原因就是点估计的结果中局部偏差较大的现象比较明显)。

表 4.1　多种分布与不同样本数目的试验结果

样本情况				估计结果偏差					
				固定窗宽	基于估计点		基于估计带		
分布	数目	方差	估计点数	$EA(\hat{f}(x))$	$EA(\hat{f}(x)_*)$	百分比/%	$EA(\hat{F}_*(x))$	百分比/%	子区间点数
混合正态分布	30	2.8269	100	0.0186	0.0141	23.3	0.0135	26.9	10
			500		0.01407	24.5	0.0141	24.5	10
			1000		0.01409	24.4	0.0141	24.5	100
	100	3.2886	500	0.0110	0.0088	19.8	0.0087	20.9	50
			1000		0.0088	19.9	0.0088	19.9	20
			2000		0.0088	19.9	0.0087	20.9	200
	500	3.2634	1000	0.0082	0.0082	0.9	0.0081	2	100
			500		0.0081	0.9	0.0081	1.7	50
			100		0.0080	3.1	0.0080	4.2	20
	1000	3.233	100	0.0078	0.0074	5.3	0.0072	6.7	10
			500		0.0074	5.2	0.0073	6.2	50
			1000		0.0074	5.3	0.0072	6.7	100
指数分布	30	1.1480	100	0.0623	0.0494	20.6	0.043	31	5
			200		**0.0565**	**7.6**	**0.0426**	**30.2**	**10**
	1000	0.9907	400	0.0296	0.0283	4.3	0.0281	5.0	40
			800		0.028	4.5	0.0276	5.9	50
χ^2 分布	30	2.4168	100	0.0237	0.0187	21.0	0.0184	22.6	5
			200		0.0189	20.0	0.0181	23.3	5
	1000	3.3365	1000	0.0087	0.0080	8.6	0.0079	9.2	100
			2000		0.0080	8.6	0.0079	9.3	200

续表

样本情况				估计结果偏差					
				固定窗宽	基于估计点		基于估计带		
分布	数目	方差	估计点数	$EA(\hat{f}(x))$	$EA(\hat{f}(x)_*)$	百分比/%	$EA(\hat{F}_*(x))$	百分比/%	子区间点数
瑞利分布	60	1.2208	100	0.0236	0.0182	23.2	0.0178	24.8	4
			200	0.0270	0.0180	24.2	0.0178	24.9	4
	1000	1.3062	1000	0.0197	0.0189	4.4	0.0183	7.0	500
			2000		0.0189	4.4	0.0184	7.0	1000
韦伯分布	60	0.1038	100	0.4041	0.3912	3.2	0.3281	18.8	100
			200		0.3956	1.7	0.3519	12.53	100
	1000	0.0968	1000	0.2196	0.1983	9.7	0.1860	15.3	500
			500		0.1987	9.5	0.1856	15.5	250

注：① 固定窗宽算法中的窗宽按照式(4.24)求取。

② 估计点的取值限制在置信度为 95% 的置信区间内。

4.7　基于迭代的窗宽优化算法

不管是基于估计点，还是基于估计带的优化算法，受固定窗宽的密度估计函数影响较大，它们都是基于该结果的进一步优化。因此，很自然地，如果用优化后新的精度提高的密度估计函数，代替原来的密度估计函数，反复迭代，其估计结果应该会进一步提高。

按照这个思想，密度函数的迭代优化可以分为两类，即基于固定窗宽的迭代优化和基于滑动窗宽的迭代优化。下面给出两种迭代优化算法的实现步骤。

4.7.1　固定窗宽迭代算法

给定迭代停止阈值 TH，设当前的迭代步数为 d。

① $d = d + 1$，求取估计函数 $\hat{f}^d(x)$。

② $h^{d+1} = \left[\dfrac{\int K(t)^2 dt}{k_2^2 \int \hat{f}^{d\prime\prime}(x)^2 dx} \right]^{\frac{1}{5}} n^{-\frac{1}{5}}$。

③ th$=|h^{d+1}-h^{d}|$。

④ 判断 th$<$TH 是否成立,如果成立,则继续;否则,转至①。

⑤ 根据 h^{d+1},求取 $\hat{f}^{d+1}(x)=\dfrac{1}{nh^{d+1}}\sum\limits_{i=1}^{n}K\left(\dfrac{x-x_{i}}{h^{d+1}}\right)$,即为优化后的估计函数。

4.7.2　滑动窗宽迭代算法

给定迭代停止阈值 TH,设当前的迭代步数为 d。

① $d=d+1$,按照算法 2 区间划分的定义,在每个区间分别求取各自的估计函数 $\hat{F}^{d}_{*j}(x)$,$j=1,2,\cdots,N$。

② 对于区间 j,$j=1,2,\cdots,N$,$H^{d+1}_{*j}(x)=\left[\dfrac{\hat{F}^{d}_{*j}(x)\displaystyle\int K(t)^{2}\mathrm{d}t}{k_{2}^{2}\widehat{F^{d''}}_{*j}(x)^{2}}\right]^{\frac{1}{5}}n^{-\frac{1}{5}}$。

③ th$=\sum\limits_{i=1}^{N}|H^{d+1}_{*j}(x)-H^{d}_{*j}(x)|/N$,$N$ 为算法 2 中的子区间数。

④ 判断 th$<$TH 是否成立,如果成立,则继续;否则,转至①。

⑤ 根据 $H^{d+1}_{*j}(x)$,$j=1,2,\cdots,N$,求取 $\hat{F}^{d+1}_{*j}(x)$ 即为优化后的估计函数。

根据前面的讨论,滑动窗宽迭代应该有基于估计点和基于估计带的两种迭代算法,但是观察估计函数表达式为

$$\hat{f}(x)_{*}=\dfrac{1}{nh(x)_{*}}\sum_{i=1}^{n}K\left(\dfrac{x-x_{i}}{h(x)_{*}}\right)$$

其中,窗宽 $h(x)_{*}$ 是 x 的函数,因此对 $\hat{f}(x)_{*}$ 求导困难,而基于估计带的估计函数中的窗宽,在子区间内是常数,可以方便地求导,所以实际上滑动窗宽迭代算法只有基于估计带的迭代优化。

除了这两种迭代优化方法,还可以采用两者的混合迭代优化,这里不再赘述。

4.8　基于估计点的滑动窗宽的核密度估计性质及其证明

上面两节详细介绍了基于估计点和基于估计带的滑动窗宽核密度估计算法,其中后者可以看成是前者的推广,因此这里简单讨论以下基于估计点的核密度估计函数的性质。

(1)渐进无偏性

证明:

$$E\hat{f}(x)_* = E\left[\frac{1}{nh\,(x)_*}\sum_{i=1}^{n}K\left[\frac{x-x_i}{h\,(x)_*}\right]\right]$$

$$= \frac{1}{n}\sum_{i=1}^{n}\int K(u)f(x+h\,(x)_*u)\mathrm{d}u$$

如果 $h\,(x)_* \to 0$,则得 $E\hat{f}(x)_* \to f(x)$。

(2)相合性

该性质证明比较繁琐,其中涉及的证明思路在本节前面部分都已隐含,因此这里只给出证明的结果。

$K(x)$ 为核函数,满足一般核函数的条件,核估计函数 $\hat{f}(x)_* = \frac{1}{nh\,(x)_*}\sum_{i=1}^{n}K\left[\frac{x-x_i}{h\,(x)_*}\right]$,$h\,(x)_*$ 满足 $h\,(x)_* \to 0$,且 $n^{-2}\left(\sum h\,(x)_*^{-1}\right) \to 0$,则对应的 $\hat{f}(x)_*$ 是相合的,即 $\mathrm{MSE}(\hat{f}(x)_*) \to 0$。

4.9　算法的试验例证

某型电磁阀,对其控制主要通过控制 27V 直流电源的通断实现,对某型号电磁阀控制电压进行了多次采集,将采集结果经过简单的整理后(剔除野点等),构建一个正常状态下的电磁阀控制电压样本,样本数量为 60。样本点的分布情况如图 4.10 所示,竖轴表示电磁阀电压值,横轴表示样本代号,样本按照从小到大的顺序进行了排序。

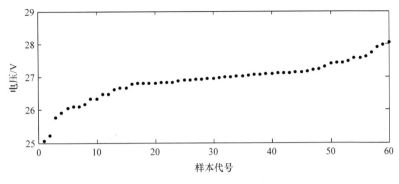

图 4.10　电磁阀控制电压样本

　　样本的统计特性如下：最小值 25.05，最大值 28.03，均值 26.9，标准差 0.5796。进行核密度估计的时候，根据样本的性质，估计区间的选取为 [25,28.1]，估计点的个数为 156，分别利用固定窗宽算法（窗宽为 $h=0.2706$）、基于估计点的滑动窗宽算法、基于估计带的滑动窗宽算法（子区间平滑点个数为 4），以及按照参数估计的方法（假设服从正态分布），其图形如图 4.11 所示，最下方的图形为根据样本数据，按照正态分布求取的密度估计。可见，与其他估计方法的差异比较明显，这也说明参数估计的方法用于电磁阀控制电压的密度估计不合适。

　　① 从图 4.11 可以看出，采用滑动窗宽的估计方法，估计的平滑度明显优于固定窗宽的估计结果。在固定窗宽的估计图形中，在 26.5 的估计点周围，其图形存在比较大的波动，在滑动窗宽的估计图形中，该波动变得不明显。

　　② 在基于固定窗宽和估计点的估计图形中，估计点约为 25.5 周围，存在密度值为零的区域，而该区域的左边（电压值偏离中心位置更远）密度值反而增加，这与实际规律不相符，实际规律应该是电压值偏离中心位置越远，其密度值应该越低，并且这种变化应该是平滑的。从样本点的分布图 4.10 中，可以找出这一现象的原因，样本在 25.5 周围的区域中存在数据空白，因此造成该区域的密度估计值为零，该现象的原因可能是采样次数少造成的。而这个问题，在基于估计带的算法中，通过多点

的窗宽平滑,该区域的值不再为零,图形在此区域得到平滑的过渡。

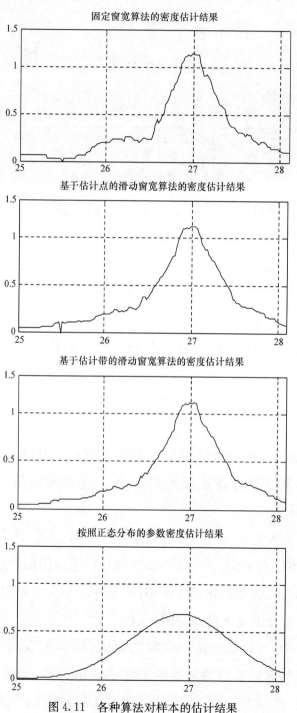

图 4.11　各种算法对样本的估计结果

③ 上面论述的两点内容在窗宽的变化图 4.12 中有明显的体现。在 26.5 的估计点周围,滑动窗宽的取值出现一个小的波动,窗宽值加大,从而使得滑动窗宽的估计结果平滑;仔细观察窗宽的变化图形可以发现,凡是固定窗宽图形中明显不光滑的区域,在窗宽的变化图形中都有相应的波动,来减弱估计结果的不光滑性,这也很好的验证了前面总结的滑动窗宽对样本分布的自适应性;在估计点约为 25.5 周围的区域,基于估计点算法的窗宽有一个很大的波动,该波动试图减弱估计图形在该区域的不平滑性,但是从基于估计点的窗宽表达式中可以看出(式(4.39)),当固定窗宽的估计结果为零时,滑动窗宽的值必然为零,因此就出现窗宽突然降到零的跳跃。在基于估计点的密度图形中,存在该区域密度值为零的问题;在基于估计带的算法中,由于采用多点的窗宽平均,将窗宽为零的点平滑掉了,密度分布图形在该区域变得平缓。

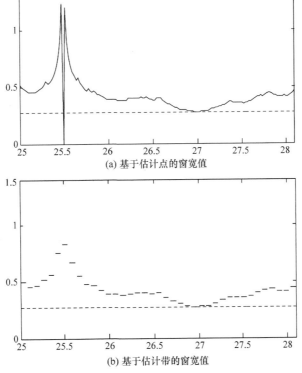

(a) 基于估计点的窗宽值

(b) 基于估计带的窗宽值

图 4.12　基于估计点和基于估计带的滑动窗宽算法的窗宽比

4.10　小　　结

由于贝叶斯判别准则需要利用随机变量的分布密度,因此本章专门讨论基于核密度估计的非参数分布密度估计算法,包括基于估计点的滑动窗宽核密度估计算法、基于估计点的滑动双窗宽核密度估计算法、基于估计带的滑动窗宽核密度估计算法及基于迭代的窗宽优化算法,并给出基于估计点的滑动窗宽的核密度估计性质及其证明,最后对算法进行实验例证,结果表明了算法的有效性。

第5章　基于最小风险的贝叶斯阈值选取算法验证

5.1　引　　言

前面章节已经对基于最小风险的 Bayes 阈值选取准则算法实现的几个问题给出了相应的计算方法。从算法的实现过程来看，阈值的选取是一个动态的过程，阈值的变化由当前时刻系统的状态决定（先验概率），并且阈值的选择还考虑了判决结果对实际系统的影响程度（错判损失），因此具有更好的性能，能够获得比一般阈值选取方法更好的效果。

准则实现最关键的一点就是正常状态和故障状态概率密度的获取问题。正常状态的概率密度获取问题比较好解决，可以通过采集系统数据，按照核密度求解方法（如果能够确定其服从的分布类型，可按照参数估计的方法求取）获得较满意的效果。一般来说，故障样本较难获得，这也可以分为无故障样本和有少量故障样本两种情况。下面分别简单地论述这两种情况的解决方法。

在无故障样本的情况下，上述算法无法实现。一种方法是可以根据正常样本估计的分布密度，选取一定置信区间后设置阈值，也就是只考虑系统的误报概率，不考虑漏报概率的问题。另一种方法是，在某些应用场合，可以结合实际系统的特点，根据常态的分布密度，采用均值移位的方式（将常态的分布密度，平移至一个新的位置）构造系统的故障概率分布密度，来获得更好的效果。这一点的依据是以下思想，从基于最小风险的判别准则中可以看出，如果无法给出每个密度分布的值，但能给出它们之间的对比关系，也能获得同样的效果。更进一步，即使无法给出它们之间的对比关系,如果能够给出它们之间对比关系的变化趋势,也会具有良好的效果。因此,可以采用均值移位的方式,来近似获得两种分布之间的对比关系变化趋势。只是这时需要根据实际的使用效果,对系统的参数进行调整。

在有少量故障样本的情况下,如果直接运用密度估计的方法,获得的估计结果可能与实际偏差很大。这时候要将密度估计的方法与小样本估计理论结合使用,对数据进行预处理或者按照小样本的理论对数据扩充,一个较好的方法是采用混合概率密度估计的方法,假设每个样本点都服从均值为该样本点的值,方差为整个样本方差的正态分布,然后对各个样本点的分布密度进行加权混合叠加,求得整个样本的分布密度,该方法在下面实验中有具体例子。对于小样本建模或者密度估计的问题,在导弹武器系统中应用的前景比较广阔,但是相关研究人员和应用场合不多,缺乏足够的重视,今后有必要对此进行深入和广泛的研究。

总之,基于最小风险的 Bayes 阈值选取准则在理论上优于其他几种常用的阈值选取方式,只要其中参数获取得当,总能获得优于其他方法的判决结果。

5.2 实例背景

某温控系统温度调节的动力源来自一个 28V 的稳压电源。该稳压电源的功率输出较大,使用也比较频繁和不规律,容易出现故障。我们采用基于最小风险的 Bayes 阈值选取准则的方法对其进行监测与诊断。

根据研制单位提供的信息,其正常状态电压的分布基本服从均值 27.6,方差 0.6 的正态分布,通过对监测数据的分析,也证实了该分布基本正确反映了温控电压的变化规律,只是将其方差调整至 0.5,与本系统的变化规律更加符合。

故障状态的电压分布未知,研制单位提供了 20 组历史故障数据,但是这些历史数据来自不同的设备,因此对其进行密度估计在数量上远远不够。使用中将 20 组数据根据常态电压 27.6 分为两组,组 1 为大于 27.6 的样本,共有 8 个,均值为 29.3,标准差为 0.6;组 2 为小于 27.6 的样本,共有 12 个,均值为 24.0,标准差为 0.8。对两组样本采用混合概率密度估计的方法处理,下面简要说明其处理过程。

设样本组 $X = \{x_1, x_2, \cdots, x_n\}$,样本点 $x_i, i = 1, 2, \cdots, n$ 服从正态分

布 $N(x_i, \sigma)$,其中 $\sigma = \sqrt{\dfrac{1}{n-1} \sum_{i=1}^{n} x_i^2 - \bar{x}^2}$。令 $w_i = \dfrac{\dfrac{1}{\mathrm{e}^{|x_i - \bar{x}|}}}{\sum_{i=1}^{n} \dfrac{1}{\mathrm{e}^{|x_i - \bar{x}|}}}$,则 $f(x) =$

$\sum_{i=1}^{n} w_i f(x_i)$,$w_i$ 代表 x_i 在混合后的密度分布中占的比重,x_i 与样本的均值 $\bar{x}$ 越接近,其比重越大,这符合实际规律。

按照上述处理方式,各种状态下的分布密度如图 5.1 所示,中间的图形代表正常状态下的分布密度,左右两边的图形分别代表两组故障状态的分布密度,其中最左边的密度图形与常态下的分布密度图形的交叉面积很小(交叉点的位置为 26.2),因此系统中只要测量值低于 26.2(按照 3σ 准则该值应该为 26.1,所以漏报概率得到改善,同时误报概率也控制在很好的范围),就认为稳压电源出现故障。

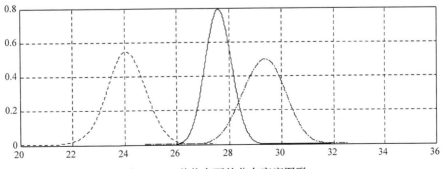

图 5.1　三种状态下的分布密度图形

图 5.1 中最右边的密度图形与常态下的分布密度图形的交叉面积较大,按照最小错判概率的阈值选取准则,阈值选取交叉点位置(28.4),这种情况下系统的漏报和误报概率都比较大;按照 3σ 准则,测量值高于 29.1,才认为是故障,其漏报概率较高。可见,对于稳压电源的监测问题,上述两种判决方法都很难满足使用要求。因此,实际中采用基于最小风险的 Bayes 判别准则算法可以很好地实现对稳压电源的电压状态监测。

下面将基于最小风险的 Bayes 判别准则重新写出,即

$$W(X) = \frac{f_{ok}(X)}{f_{fault}(X)}, \quad d = \frac{L(ok \mid fault)}{L(fault \mid ok)}$$

$$\begin{cases} X \in ok, & W(X) > d \\ X \in fault, & W(X) \leqslant d \end{cases}$$

其中,在本对象的测试中,$L(ok \mid fault) = 0.8$ 和 $L(fault \mid ok) = 0.2$,表示错判造成的损失要高于误判造成的损失。

至此,判决规则中的所有未知条件都已满足。下面对某次实验采集的数据,利用该方法给出的判决结果进行讨论。

5.3　故障状态下的试验例证

图 5.2 是对温控电压的某次监测结果,采样速率 1000,曲线代表监测电压,从第 100 个采样点处发生变化,在第 110 个采样点处,其值超过 29.1,后来经过确认系稳压电源中的滤波电容器烧毁造成的。

图 5.2 最上方的点划线为按照 3σ 准则给出的阈值分划线(29.1),其判决结果出现很大的波动,无法得到一个稳定的判决结果;上方的第二条直线(虚线)表示按照最小错判损失规划的阈值线(28.4),除了个别采样点处有误判现象,基本能给出一个稳定的判决结果,但是其阈值设置过低,容易产生误报。

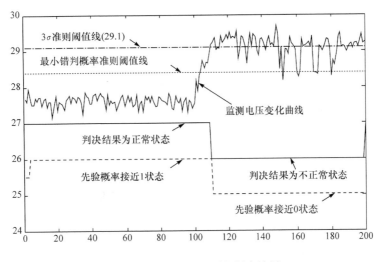

图 5.2　温控电压监测的判决结果

图 5.2 中上方的第三条直线（实线），表示按照基于最小风险准则的判决结果（为了便于对比，将其从底部上移至此位置，第四条直线也按同样的方式处理），在第 108 个采样点处监测到故障，并且随着采样时间的延长，一直能给出一个稳定的判决结果，即使当故障后的电压值下降到最小错判损失规划的阈值线（28.4）以下，其判决结果仍然保持稳定。

图 5.2 中最下方直线表示先验概率的变化情况，先验概率的加权重数 $n=2$，贡献因子分别为 $w_0=0.65$ 和 $w_1=0.35$，可以清楚地看出先验概率的值随系统状态变化而变化的情况，在初始位置其初值为 0.5，经过两个采用周期，上升到 0.99（实验中将先验概率的上限限制为 0.99，下限限制为 0.01），该值一直保持到第 108 个采样点，从第 109 个采样点，其值变为 0.01，并始终保持，可见其正确地反映了系统状态的变化情况。也正因如此，采样数据在出现故障后有多个点下降到最小错判损失规划的阈值线（28.4）以下时，判决结果仍然认为系统处于故障状态，这也充分体现了判决准则和实时加权先验概率算法的优越性。

错判损失对判决结果的影响程度在图中没有绘出，这里简单地说明一下，上面实验的结果是基于 $\dfrac{L(\text{ok}\,|\,\text{fault})}{L(\text{fault}\,|\,\text{ok})}=4$ 的基础上的，如果该比

值减小,系统的判决结果基本与图示情况类似,只是监测到故障的位置后移了,相当于提高了故障判决的阈值,当减小到一定程度,其判决结果变得与 3σ 准则的判决结果类似(利用该数据,实验中用 0.0001 测试,得到该结果);如果该比值增大,系统对数据的变化更加敏感,相当于降低了故障判决的阈值,能更早地监测到故障,当其值增大到一定程度,在第 103 个采样点处就监测到故障(实验中使用 100 得到该结果)。

5.4　正常状态下的试验例证

另一组比较有代表性的数据(图 5.3)来自一次正常操作的过程,从图 5.3 中可以看出监测电压的波动较大,其原因是在该采样时刻,液压系统电机刚好启动,对稳压电源造成干扰所致。从图中可以看出,按照基于最小风险准则的判决结果能够滤掉正常干扰引起的波动,保证判决结果的正确性,而基于最小错判损失的判决规则将产生几组因干扰引起的误报。

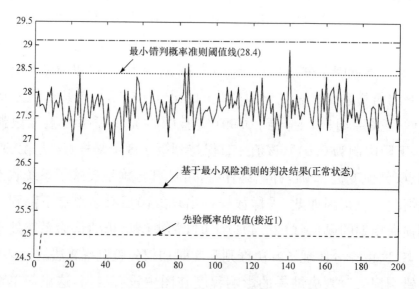

图 5.3　干扰情况下温控电压信号监测的判决结果

通过上面分析可以得出如下结论,在增加了错判损失、先验概率的 Bayes 判决规则中,系统对状态的判断更加合理。其判决结果在系统状态正确判断的稳定性,以及克服干扰的鲁棒性上都有良好的表现。确定了概率密度,以及损失函数,其判决结果的动态变化取决于先验概率的值,能够很好地反映系统的当前状态。

5.5 小 结

本章重点对前面章节所提的基于最小风险的贝叶斯阈值选取算法进行实例验证。首先对实例背景进行详细描述,然后分别给出故障状态下和正常状态下的实验验证,结果表明算法的鲁棒性和有效性。

第6章 基于贝叶斯准则的支持向量机

6.1 引　言

前面讨论的基于 Bayes 分类器的最小风险阈值算法,其主要步骤是首先利用核密度估计或者其他方法求解概率分布密度,然后利用实时加权先验概率算法求解系统的先验概率,最后利用 Bayes 判别准则,给出系统的状态。该方法理论基础完善,只要参数设置恰当,判决结果的置信度比较高。但是,该算法较复杂,需要样本的数量多,涉及多个参数的设定,其样本的数量、质量,以及算法参数的取值对判决结果的影响不容忽视。另外,算法计算量较大,对于实时性要求高且控制器(负责完成算法的实现)执行任务较多(可能同时要进行多个参数的监测或者过程的控制)的场合,算法可靠性降低。因此,有必要研究实现简单、实时性更高的算法,作为基于 Bayes 最小风险阈值算法的一种补充,根据不同的应用场合选择不同的算法。

Bayes 判别准则用于分类优于其他判别准则的最主要优点有两个,其一是考虑系统的先验知识,其二是增加了错判损失。其主要缺点是需要知道系统的分布密度,而通常系统分布密度的求取比较繁琐。虽然如此,这里仍然坚持研究分布密度求取问题的原因除了上面论述之外,还有一个主要原因,就是系统参数的分布密度属于导弹武器系统重要的基本参数之一,有了它不但可以利用 Bayes 判别准则进行状态判断,还可以指导其他判决方法(3σ 准则阈值的选取)获得更好的效果。更重要的是有了概率密度分布,可以做几乎所有与统计特性有关的计算,包括进行故障预测、寿命分析、系统建模,以及许多有意义的工作,对于掌握导弹武器系统的规律不可或缺。

统计学习理论中有一个基本原则：在解决一个给定问题时，要设法避免把解决一个更一般的问题作为其中间步骤。根据监测参数对系统状态进行分类，与求解参数的概率密度相比是一个更特殊的问题，因此较好的解决思路是根据训练样本，直接对参数进行分类，这就省去了中间的概率密度求解问题。

支持向量机的主要应用场合之一就是分类，它经过训练后能够对测试样本进行分类。因此，这里考虑直接利用支持向量机对检测信号进行分类，对系统的状态作出判决。

支持向量机建立在统计学习理论和结构风险最小原理基础之上，与 Bayes 判别准则相比在计算的简单性、条件要求的严格性，以及解的推广性等方面具有优势。但是，支持向量机理论中没有考虑待分类问题的先验概率，它在进行分类决策的时候不考虑问题的出现概率，只关心问题的实际值大小（严格地说应该是问题样本的内积（无核函数）或者核函数的内积（有核函数）），其解取决于训练样本的特性。借鉴 Bayes 判别分析的思想，如果在支持向量机算法中加入待分类信息的先验概率，其分类结果的可信度将会得到提升。下面主要讨论基于 Bayes 理论的支持向量机的主要思想及算法的具体实现。

6.2　支持向量机分类问题的描述

假设有两类一维数据 $\{x_1, x_2, \cdots, x_n\} \in X, \{y_1, y_2, \cdots, y_n\} \in Y$，在一维坐标轴上的位置如图 6.1 所示，其中 $\triangledown$ 和 $\bigcirc$ 分别代表不同的类别，显然这组数据是线性不可分的。

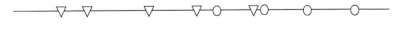

图 6.1　线性不可分的一组一维数据

在支持向量机中解决这个问题,一种方法是引入松弛变量、错判损失(惩罚参数),相当于将训练样本中不可分点到决策超平面的距离拉大,从而使问题变得线性可分;另一种方法是利用核函数将一维数据映射到高维空间,相当于将原来的决策超平面变成超曲面,使该问题得到解决。同理,对于非线性不可分问题的解决办法将上述两种方法结合,就能找到答案。

但是,对这组数据用支持向量机的方法进行训练后,得到的决策函数在进行判断决策的时候不可避免地会造成错分,原因是支持向量机使用的训练数据本身有交叉(图的中间位置),其判决函数的建立完全依赖该组训练样本,其决策结果针对该组样本可以说是最优的,能够对该组数据作出正确判断,但是很难保证对其他新的数据都能作出有较高置信度的判断,特别是在数据交叉位置附近,其错分概率更高。实际上,这也是利用样本进行决策的分类方法必然存在的问题,其根本原因就是不可能得到问题的完全样本(即使得到了,也可能无法实现完全可分),只能是在现有样本的基础上作出最合理的决策。从这个角度讲,支持向量机在现有分类方法中,不管是在分类精度,还是在计算的复杂性等方面都是比较优秀的。

6.3　基于贝叶斯准则的支持向量机

在工业系统中,因为工作的现场环境比较恶劣,干扰等因素的作用很强,监测参数的数据交叉现象比较突出,许多监测结果为故障的数据可能是干扰等因素引起的,因此单纯利用支持向量机等分类算法来进行判断决策,只根据对历史样本的分析结果来作出决策,其结果的置信度令人怀疑。可信度更高的方法应该既利用已有样本的历史信息,又考虑武器系统的当前信息,将两者结合作出决策。

对于已有样本信息的利用上,支持向量机具有优势,因此这里探讨如何在支持向量机中加入当前信息。

为了论述方便,以一维样本为例。

设 $s(x) = \sum\limits_{i=1}^{l} a_i^* y_i k(xx_i) + b$,其中 a_i^* 表示支持向量,则支持向量机的决策函数可以简单的表示为

$$f(x) = \mathrm{sgn}(s(x)) \tag{6.1}$$

对一组样本,式(6.1)的判决结果由 $s(x)$ 决定。现有样本 $X_1 = \{1.5, 2, 3.1, 4, 5\}$ 属于 $f(x) = 1$,$X_2 = \{4.4, 5.2, 6, 7\}$ 属于 $f(x) = -1$,采用支持向量机训练后,利用原样本进行测试,可以得到如下的分类区域,如图 6.2 所示。其中,竖轴表示 $s(x)$ 的值,横轴表示样本点的值,□ 表示属于 X_1 的样本,○ 表示属于 X_2 的样本,▽ 表示对应样本点取值 $s(x)$。图中直线 a 与横轴的交点是划分测试样本的分界点,其左面区域 L_1 表示正类点区域,右面区域 L_2 表示负类点。注意观察图中直线 a 左边的第一个样本(用 A 表示)和右边的第一个样本(用 B 表示),它们属于被分类器错误划分的样本。

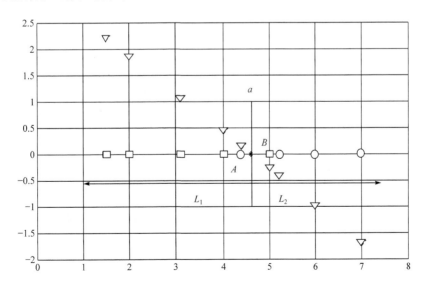

图 6.2 采用支持向量机训练得到的分类区域

前面对这个错误划分问题简单地阐述过,支持向量机为了解决这个错划分的问题,通过引入松弛变量、错判损失(惩罚参数)、核函数或者它们的结合,使该问题得到解决。

假设采用上述方法后,支持向量机实现了对训练样本的完全可分,那么在使用该分类器解决实际问题时,又会带来新的问题。可以合理地假设,在点 A 处有一个测试数据,其属于正类,利用该支持向量机对数据进行归类时,由于训练样本中该点的数据属于负类,为实现训练样本的可分性,支持向量机将该区域归类为负类。因此,测试数据自然被划分为负类,这又出现了错误划分。造成上述错误划分的主要原因就是,位于 A 点和 B 点周围的区域属于两类数据的交叉区域,在该区域中的数据,不考虑其他条件下,无法更准确地区分其究竟属于哪一类。

事实上,这种数据无法完全区分的现象是一种普遍现象,本章研究的阈值选取问题就属于该现象。只从概率的角度讲,选取某个阈值所犯的错误或者造成损失最小,但是无法完全避免不犯错误或者没有损失,如果能够实现不犯错误或者没有损失,只有一种情况,那就是对象之间毫无联系,它们本身是完全可分的。

既然无法完全正确的对问题实现分类,那么只有尽可能地利用已知条件提高分类正确性的概率。对这个问题,一个可行的解决办法是在支持向量机的决策函数中再添加包含先验概率的项,其形式为

$$f(x) = \text{sgn}(\sum_{i=1}^{l} \alpha_i^* y_i k(xx_i) + b + c(p-0.5)) \qquad (6.2)$$

上式与通常支持向量机的决策函数相比,增加了 $c(p-0.5)$ 项,其中 c 可称为分类方向加权系数,其值为 $-\infty < c \leqslant \infty$;$p$ 代表样本的先验概率值,其值为 $0 \leqslant p \leqslant 1$,当 p 为 0.5 时,表示无任何样本的先验信息,参数的具体含义下面有详细论述。

参数 p 可以通过前面论述的先验概率求解算法解决,也可以通过其他方法求解,c 的取值取决于样本特性。下面研究该参数具体的取值方法。

对于分类的问题,可以概括总结出以下两条规律。

① 位于正类区域的点 A,当其属于负类的先验概率达到一定值时,点 A 可以归为负类,反之亦然。

② 位于正类区域的点 A,其值 $s(A)$ 越大,将其划为负类的先验概率值越大,反之亦然。

这两条规律不难理解,根据这两条规律可以获得求解 c 的算法,可分为以下三种情况。

情况 1　利用训练样本进行测试,两类区域都出现错划分样本。

① 样本属于正类的先验概率超过 0.5。

对于图 6.2 中的点 B,$s(x)=s(B)<0$,$f(B)=-1$,当新增加项 $c(p-0.5) \geqslant -s(B)$ 时,$f(B)=1$,假设 B 为所有错划分样本中 $s(x)$ 值最小的一个(图示情况只有一个值,通常可能有多个错划分样本),可以这样认为,只有 B 属于正类的先验概率达到某个值时,才能将其划为正类。这里将先验概率值设为 1,这样做的可靠性高一些。因此,有如下计算公式,即

$$c = \frac{-s(B)}{p-0.5} = -2s(B) \tag{6.3}$$

② 样本属于负类的先验概率超过 0.5。

相当于图 6.2 中点 A,同理也可以得到如下近似计算公式,即

$$c = \frac{-s(A)}{p-0.5} = -2s(A) \tag{6.4}$$

情况 2　利用训练样本进行测试,两类区域都无错划分样本。

这种情况下,找不到第一种情况中的分类错误点,相当于对样本实现了完全可分,也可以采用类似的方法进行计算,为了论述方便,还以图 6.2 为例,只是其中的 A 和 B 不再是错划分的点。

① 样本属于正类的先验概率超过 0.5。

假设 B 为所有负类样本中 $s(x)$ 值最小的一个,$s(x)=s(B)<0$,

$f(B) = -1$，当新增加项 $c(p-0.5) \geqslant -s(B)$ 时，$f(B) = 1$，可以这样认为，当 B 属于正类的先验概率达到某个值时，可以将其划为正类，按照情况 1 的思路，有近似计算公式，即

$$c = \frac{-s(B)}{p-0.5} = -2s(B) \tag{6.5}$$

② 样本属于负类的先验概率超过 0.5。

相当于图 6.2 中点 A，同理也可以得到如下近似计算公式，即

$$c = \frac{-s(A)}{p-0.5} = -2s(A) \tag{6.6}$$

情况 3　利用训练样本进行测试，只有一类区域有错划分样本。

该情况可以结合情况 1 和 2 得以解决。

综合以上三种情况，参数 c 的求解问题可以用两个公式表示。当 $p = 0.5$ 时，式 (6.2) 中的添加项为零，因此 c 可取任意值。

① 当样本属于正类的先验概率超过 0.5 时，有

$$c = \frac{-s(B)}{p-0.5} = -2s(B) \tag{6.7}$$

其中，B 属于利用训练样本测试结果的负类区域中离分划线距离最近的点。

② 当样本属于负类的先验概率超过 0.5 时，有

$$c = \frac{-s(A)}{p-0.5} = -2s(A) \tag{6.8}$$

其中，A 属于利用训练样本测试结果的正类区域中离分划线距离最近的点。

至此，参数 c 的求解问题得以解决。这样，基于 Bayes 准则的支持向量机决策函数求解所需的参数问题都已解决。下面是算法实现步骤的总结。

① 根据训练样本,对支持向量机进行训练。

② 训练完毕后,利用训练样本进行测试。

③ 根据式(6.8),求出 c。

④ 对于一个给定的样本,如果知道其先验概率,则将其值代入式(6.2),求得判决结果;如果不知道先验概率,则将 $p = 0.5$ 代入式(6.2),求得判决结果。

在给出的算法中,c 的取值只取决于距离分界点最近的正类或负类点,许多情况下可能不太合理。我们知道,支持向量机中的支持向量是最能反映样本分类特性的点,因此可以采用将距离分界点最近的几个同类样本的 $s(x)$ 值相加取平均值的方法。实验证明,该处理分类效果的推广能力更好,鲁棒性更强一些。

对于先验概率的求解可以按照自适应加权先验概率求解算法的思想求解。这里将其简化,如果上一个时刻测试数据得到的判决结果属于负类,则认为下一时刻属于负类;反之,如果上一时刻的判决结果为正类数据,则认为下一时刻属于正类,其概率值都取 1,虽然值没有变化,但是参数 c 保证了它们代表含义的正确性。

在状态监测中,支持向量机的应用场合主要是在线状态监测,其输入数据有时间上的先后顺序,可以按照该方法计算先验概率值,但是对于一些静态分类的问题,如文字识别、图像分割等问题关于先验概率的取值还有待研究。

6.4 算法的实验例证

为了验证上述基于 Bayes 准则的支持向量机的分类效果,利用第 5 章的数据,将一般的支持向量机算法与基于 Bayes 的支持向量机算法进行实验比较,证明了算法的有效性。下面是实验的过程及结果。

首先利用建立的概率密度分布,构建一个包含 200 个正常状态数据、200 个非正常状态数据(只选取了大于 27.6 的密度模型)的训练样本,分别采用一般支持向量机和基于 Bayes 的支持向量机进行训练。两类支持向量机都采用 C 类支持向量机算法,参数 $C=100$,核函数选 RBF 核函数,经过训练后支持向量机的个数为 48,占整个样本数量的 12%,其分类速度明显优于前面算法的分类速度。基于 Bayes 的支持向量机,正类参数 $c=1.1775$,利用正类区域中的 23 个支持向量;负类参数 $c=-1.3934$,利用负类区域中的 25 个支持向量。

　　训练完毕,分别采用滤波电容器烧毁的数据和受到液压系统干扰的数据对其进行测试。图 6.3 为利用滤波电容器烧毁数据的测试结果。图 6.3(a)为采用一般支持向量机的判决结果,在第 105 个采样点处发现故障,在故障的持续时间里有一定误报现象。图 6.3(b)为采用基于 Bayes 的支持向量机算法的判决结果,也存在误报,但是误报次数明显减少,表明了算法的优越性。图 6.4 为采用受到液压系统干扰的数据测试结果,得到同样效果。这进一步证实算法的鲁棒性和敏感性都得到了提高。

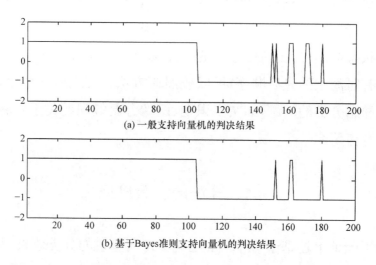

(a) 一般支持向量机的判决结果

(b) 基于 Bayes 准则支持向量机的判决结果

图 6.3　滤波电容器烧毁数据下两种支持向量机的判决结果比较

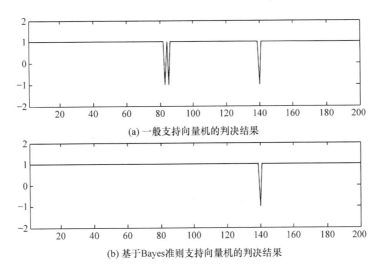

(a) 一般支持向量机的判决结果

(b) 基于Bayes准则支持向量机的判决结果

图 6.4　受到液压系统干扰的数据下两种支持向量机的判决结果比较

6.5　小　　结

　　本章针对基于最小风险贝叶斯阈值选取算法复杂性高、计算量大、实时性较差的问题,考虑将 Bayes 判别分析的思想与支持向量机相结合,即在支持向量机算法中加入待分类信息的先验概率,提出一种基于 Bayes 准则的支持向量机。实验结果表明,虽然基于 Bayes 的支持向量机算法的判决结果也存在误报,但是误报次数明显减少,体现了算法的优越性。

参 考 文 献

高惠旋,等,2003.应用多元统计分析.北京:北京大学出版社.

郭照庄,宋向东,张良勇,等,2006.变窗宽密度核估计的构造及均方相合性.佳木斯大学学报,24,(3):423-425.

姜云春,邱静,刘冠军,等,2006.故障检测中的一种鲁棒自适应阈值方法.宇航学报,27(1):36-40.

蒋浩天,2003.工业系统的故障检测与诊断.北京:机械工业出版社.

李金龙,2003.非线性贝叶斯动态模型预测及其随机模拟方法的研究.济南:山东科技大学硕士学位论文.

林来兴,2005.1990～2001年航天器制导、导航与控制系统故障分析研究.国际太空,(5):9～13.

刘春恒,周东华,2001.故障检测中阈值的一种自适应选择方法.上海海运学院学报,22,(3):46-50.

茹诗松,1999.贝叶斯统计.北京:中国统计出版社.

施发启,1993.贝叶斯预测方法论.天津:天津财经学院硕士学位论文.

王建新,2003.非线性动态模型的MCMC方法的研究.济南:山东科技大学硕士学位论文.

王志诚,1997.经验贝叶斯方法及其在股票预测中的应用.北京:中国科学院系统科学研究所博士学位论文.

叶阿忠,2006.非参数计量经济模型的变窗宽核估计.福州大学学报,34,(2):180-183.

张尧庭,陈汉峰,1991.贝叶斯统计推断.北京:科学出版社.

张尧庭,方开泰,2013.多元统计分析引论.武汉:武汉大学出版社.

周东华,叶银忠,2000.现代故障诊断与容错控制.北京:清华大学出版社.

Albert J H, Chib S, 1993. Bayesian inference via Gibbs sampling of autoregressive time series subject to Markov mean and variance shifts. Journal of Business and Economic Statistics, 11, 1-15.

Aoki M, 1990. State Space Modeling of Time Series. New York : Springer.

Attwell D N, Smith J Q, 1991. ABayesian forecasting model for sequential bidding. Journal of Forecasting, 10:565-577.

Basseville M, 1988. Detecting changes in signals and systems. Automatic, 24, 3:309-326.

Biggs R, 1990. Probabilistic risk assessment for the space shuttle main engine with a turbomachinery vibration monitor cutoff system//AIAA.

Bolance C, Guillen M, Nielsen J P, 2003. Kernel density estimation of actuarial loss functions. Mathematics and Economics, 32:19-36.

Byington C S, et al, 2001. In-line health monitoring system for hydraulic pumps and motors// IEEE Aerospace Conference Papers.

Chang C C, Yu C C, 1990. On-line fault diagnosis using the signed directed graph. Industrial & Engineering Chemistry Researoh, 29:1290-1298.

Dempster A P, Laird N M, Rubin D B, 1997. Maximum likelihood from incomplete Dsts via EM algorithm. Joural of Royal Statistical Society, Series B, 39:1-38.

Ding S X, Jeinsch T, Frank P M, et al, 2000. A unified approach to the optimization of fault detection systems. International Journal of Adaptive Control and Signal Processing, 14: 725-745.

Ding X, Guo L, Frank P M, 1994. Parameterization of linear observes and its application to observer design. IEEE Transaction on Automatic Control, 39:1648-1652.

Fukunaga K, Hostetler L D, 1975. The estimation of the gradient of a density function with applications in pattern recognition. IEEE Transactions on Inforrmation Theory, 21:32-40.

Granovsky B L, Muller H G, 1991. Optimizing kernel methods: a unifying variational principle. International Statistical Review, 59:373-388.

Huang H, Chen K S, Zeng L G, 2005. BP neural network-based on fault diagnosis of hydraulic servo-valves machine learning and cybernetics//Proceedings of 2005 International Conference on.

Mord K, Dvrcek W Y, Mckay L, 2000. Probablity density estimation using incomplete data. ISA Transaction, 39:379-399.

Parzen E, 1962. On estimation of a probability density and mode. Annals of Mathematical Statistics, 35:1065-1076.

Rosenblatt M, 1956. Remarks on some nonparametric estimates of a density functionl. Annals of Mathematical Statistics, 27, (6):832-837.

Stoustrup J, Niemann H, La Cour-Harbo A, 2003. Optimal threshold functions for fault detection and isolation//Preceedings of the American Control Conference, 6:1782-1787.

Vapnik V N, 2000. 统计学习理论的本质. 张学工, 译. 北京:清华大学出版社.

West M, Harrison J, 1997. Bayesian Forecasting and Dynamic Models. New York: Springer.

Williams C K I, Barber D, 1998. Bayesian classification with Gaussian processes. IEEE Transactions on Pattern Anlysis and Machine Intelligence, 20, (12):1342-1351.

附　　录

A　基于核密度估计的非参数分布密度估计算法相关程序

A.1　基于估计点的滑动窗宽核密度估计算法验证程序

```
%主程序,1000 个样本
clc;
clear;
loadexpertdata;% 调取数据
n=500;m=1000;Ch=0.7;
expertdata2=expertdataN1000(1:m);
expertdata1=sort(expertdata2);% 数据排序
v=std(expertdata2);
h=1.059*v*m^(-0.2);% 固定窗宽
x=-4:0.02:5.99;
g=GAUSSPDF(x,n,expertdata1,m,1,h,1);% 核函数
Cg=GAUSSPDF(x,n,expertdata1,m,1,h,Ch);
figure
subplot(2,1,1),plot(x,g,'k '),title('固定窗宽算法的估计
结果')
hold on
grid on
c=(3/8)*(pi^(-0.5))*(h^(-5));
kt=ychqtKt(x,n,expertdata1,m,1,h,Ch);
```

```
hopt=((h^1.8)*(c^0.2)*(g.^0.2))./(abs(Cg-kt).^0.4);
gg=zeros(1,n);
for i=1:n
    gg(i)=GAUSSPDF(x(i),1,expertdata1,m,1,hopt(i),Ch)+0.005;
end
subplot(2,1,2),plot(x,gg,'k '),title('滑动窗宽算法的估计
结果')  ;
hold on
grid on
mu1=4;sigma1=1.5;mu2=0;sigma2=3;
y=(normpdf(x, mu1, sigma1)+normpdf(x, mu2, sigma2))/2;
subplot(2,1,1),plot(x,y,'r:');
subplot(2,1,2),plot(x,y,'r:');
figure
subplot(3,1,1),plot(x,abs(g-y)),title('固定窗宽算法估计
偏差(绝对值)');
grid on
subplot(3,1,2),plot(x,abs(gg-y)),title('基于估计点滑动
窗宽算法估计偏差(绝对值)');
grid on
subplot(3,1,3),plot(x,abs(gg-y)-abs(g-y)),title('基于
估计点滑动窗宽算法偏差减去固定窗宽算法偏差');
grid on
gudingh=sum(abs(g-y));
bianh=sum(abs(gg-y));
percent=(gudingh-bianh)/gudingh
 figure
```

```
plot(x,gg,'k ')
hold on
plot(x,g,'r ')
figure
plot(x,hopt,'k '),title('基于估计点滑动窗宽算法窗宽变化')
grid on
%两个正态分布数据产生程序
temp11=normrnd(4,1.5,1,500);% 产生一行 1000 个正态分布数据
temp12=normrnd(0,3,1,500);% 产生一行 1000 个正态分布数据
expertdataN1000=zeros(1,1000);
for i=1:500
    expertdataN1000(i*2-1)=temp11(i);
    expertdataN1000(i*2)=temp12(i);
end
saveexpertdata expertdataN1000
%高斯核函数程序
function f=GaussPdf(x,m,x1,n,d,h,Ch)
temp=zeros(1,m);
for j=1:m
    for i=1:n
        if ((x(j)-x1(i))/h)^2> Ch
            temp(j)=temp(j)+0;
        else
temp(j)=temp(j)+exp(-0.5*((x(j)-x1(i))/h)^2)/(((2*pi)^
(d/2))*(1-exp(-1)));
        end
    end
end
```

```
        temp(j)=temp(j)/(n*h^d);
end
f=temp;
```

%ychqtKt 函数

```
function tkt=ychqtKt(x,m,x1,n,d,h)
temp=zeros(1,m);
for j=1:m
    for i=1:n
            if ((x(j)-x1(i))/h)^2> 1
                temp(j)=temp(j)+0;
            else
temp(j)=temp(j)+(((x(j)-x1(i))/h)^2)*exp(-0.5*((x(j)
-x1(i))/h)^2)/(((2*pi)^(d/2))*(1-exp(-1)));
            end
    end
    temp(j)=temp(j)/(n*h^d);
end
tkt=temp;
```

A. 2　基于估计点的滑动双窗宽核密度估计算法验证程序

%主程序,600 个样本

```
clc;
clear;
loadexpertdata;
n=900;m=600;
expertdata2=expertdataN600(1:m);
expertdata1=sort(expertdata2);
```

```
v=std(expertdata2,1);
h=1.059*v*m^(-0.2)*(1-exp(-1))^0.4;
x=-8:0.02:9.98;
h2=h;
g=GAUSSPDF(x,n,expertdata1,m,1,h2);
kt=ychqtKt(x,n,expertdata1,m,1,h2);
h1=h*2;
g1=GAUSSPDF(x,n,expertdata1,m,1,h1);
figure
subplot(2,1,1),plot(x,g,'k '),title('固定窗宽的估计结果')
hold on
grid on
c=0.5/pi^0.5;
kt1=ychqtKt(x,n,expertdata1,m,1,h1);
for i=1:n
    if (g1(i)-kt(i))==0
        kt(i)=kt(i)-1e-8;
    end
end
mu1=4;sigma1=1.5;mu2=0;sigma2=3;mu3=5;sigma3=2;
y=(normpdf(x, mu1, sigma1)+normpdf(x, mu2, sigma2)+normpdf
(x, mu3, sigma3))/3;
hopt=(h1^0.8)*(c^0.2)*m^(-0.2)*(g.^0.2)./(abs(g1-kt1).^
0.4);
gg=zeros(1,n);
for i=1:n
    if hopt(i)==0
```

```
        hopt(i)=max(hopt);
    end
    gg(i)=GAUSSPDF(x(i),1,expertdata1,m,1,hopt(i));
end
subplot(2,1,2),plot(x,gg,'k '),title('基于估计点的双窗宽
的估计结果')  ;
hold on
grid on
subplot(2,1,1),plot(x,y,'k:');
subplot(2,1,2),plot(x,y,'k:');
figure
subplot(3,1,1),plot(x,abs(g-y),'k'),title('固定窗宽估计
偏差(绝对值)');
grid on
subplot(3,1,2),plot(x,abs(gg-y),'k'),title('基于估计点
的双窗宽估计偏差(绝对值)');
grid on
subplot(3,1,3),plot(x,gg-g,'k'),title('双窗宽估计偏差减
去固定窗宽估计偏差');
grid on
gudingh=sum(abs(g-y))/n
bianh=sum(abs(gg-y))/n
percent=100*(gudingh-bianh)/gudingh
figure
plot(x,gg,'k ')
hold on
plot(x,g,'r')
```

```
figure
plot(x,hopt,'k '),title('两种算法的窗宽');
hold on
plot(x,h,'k ')
gudingkt=abs(g-kt);
biankt=abs(g1-kt1);
pdfkt=ychqfausstKt(x,n,mu1,sigma1)+ychqfausstKt(x,n,
mu2,sigma2)+ychqfausstKt(x,n,mu3,sigma3);
pdfkt=abs(pdfkt./3);
figure
plot(x,gudingkt,'k:'),title('不同窗宽估计函数的二阶导数绝
对值');
hold on
plot(x,biankt,'k')
hold on
plot(x,pdfkt,'r:')
```

A.3　基于估计带的滑动窗宽核密度估计算法验证程序

```
%主程序,100 个样本,区间划分 20 个
clc;
clear;
loadexpertdata;
n=200;m=100;nn=20;
expertdata2=expertdataN500(1:m);
expertdata1=sort(expertdata2);
v=std(expertdata1);
h=1.059*v*m^(-0.2);
```

```
x=-4:0.05:5.98;
g=GAUSSPDF(x,n,expertdata1,m,1,h);
figure
subplot(3,1,1),plot(x,g,'k '),title('固定带宽的估计结果')
hold on
grid on
c=(3/8)*(pi^(-0.5))*(h^(-5));
kt=ychqtKt(x,n,expertdata1,m,1,h);
for i=1:n
    if (g(i)-kt(i))==0
        kt(i)=kt(i)-1e-8;
    end
end
Pointhopt=((h^1.8)*(c^0.2)*(g.^0.2))./(abs(g-kt).^
0.4);
Striphopt=zeros(1,n/nn);
s=0;
for i=1:n/nn
    for j=nn*(i-1)+1:nn*i
        s=s+Pointhopt(j);
    end
    Striphopt(i)=s/nn;
    s=0;
end
for i=1:n/nn
    if Striphopt(i)==0
        Striphopt(i)=max(Striphopt);
```

```
        end
    end
Pointg=zeros(1,n);
for i=1:n
    Pointg(i)=GAUSSPDF(x(i),1,expertdata1,m,1,Pointhopt
(i));
end
Stripg=zeros(1,n);
for i=1:n/nn
    for j=nn*(i-1)+1:i*nn
        Stripg(j)=GAUSSPDF(x(j),1,expertdata1,m,1,Striphopt
(i));
    end
end
subplot(3,1,2),plot(x,Pointg,'k '),title('基于估计点的滑
动带宽的估计结果')   ;
hold on
grid on
subplot(3,1,3),plot(x,Stripg,'k '),title('基于估计带的滑
动带宽的估计结果')   ;
hold on
grid on
mu1=4;sigma1=1.5;mu2V0;sigma2=3;
y=(normpdf(x,mu1,sigma1)+normpdf(x,mu2,sigma2))/2;
subplot(3,1,1),plot(x,y,'r:');
subplot(3,1,2),plot(x,y,'r:');
subplot(3,1,3),plot(x,y,'r:');
```

```
figure
subplot(3,1,1),plot(x,abs(g-y)),title('固定带宽估计偏差
(绝对值)');
grid on
subplot(3,1,2),plot(x,abs(Pointg-y)),title('基于估计点
的滑动带宽估计偏差(绝对值)');
grid on
subplot(3,1,3),plot(x,abs(Stripg-y)),title('基于估计宽
的滑动带宽估计偏差(绝对值)');
grid on
figure
subplot(2,1,2),plot(x(1:nn:n),Striphopt,':'),title('基
于估计带的滑动带宽');
grid on
subplot(2,1,1),plot(x,Pointhopt),title('基于估计点的滑
动带宽');
grid on
FixedBias=sum(abs(g-y))
PointBias=sum(abs(Pointg-y))
StripBias=sum(abs(Stripg-y))
PointPercent=(FixedBias-PointBias)/FixedBias*100
StripPercent=(FixedBias-StripBias)/FixedBias*100
```

A.4　算法的试验例证

```
%主程序,60 个样本
clc;
clear;
```

```
loadexpertdataN60;
n=156;m=60;nn=3;
expertdata2=expertdataN60(1:m);
expertdata1=sort(expertdata2);
figure
plot(expertdata1,'.');
v=std(expertdata2);
m=mean(expertdata2);
oph2=1.059*v*m^(-0.2);
h=oph2;
x=25:0.02:28.1;
g=GAUSSPDF(x,n,expertdata1,m,1,h);
figure
subplot(2,2,1),plot(x,g,'k '),title('固定带宽算法的密度
估计结果'),axis([25,28.1,0,1.4])
hold on
grid on
c=(3/8)*(3.14159^(-0.5))*(h^(-5));
kt=ychqtKt(x,n,expertdata1,m,1,h);
for i=1:n
    if (g(i)-kt(i))==0
        kt(i)=kt(i)-1e-8;
    end
end
hopttemp=((h^1.8)*(c^0.2)*(g.^0.2))/(abs(g-kt)^0.4);
hopt=zeros(1,n/nn);
s=0;
```

```
for i=1:n/nn
    for j=nn*(i-1)+1:nn*i
        s=s+hopttemp(j);
    end
    hopt(i)=s/nn;
    s=0;
end
for i=1:n/nn
    if hopt(i)==0
        hopt(i)=1e-8;
    end
end
gg=zeros(1,n);
dgg=zeros(1,n);
for i=1:n/nn
    for j=nn*(i-1)+1:i*nn
        gg(j)=GAUSSPDF(x(j),1,expertdata1,m,1,hopt(i));
    end
end
for i=1:n
    if hopttemp(i)==0
        hopttemp(i)=1e-8;
    end
end
for i=1:n
    dgg(i)=GAUSSPDF(x(i),1,expertdata1,m,1,hopttemp(i));
end
```

```
subplot(2,2,2),plot(x,dgg,'k','MarkerSize',10),title('
基于估计点的滑动带宽算法的密度估计结果')  ;
axis([25,28.1,0,1.4])
hold on
grid on
subplot(2,2,3),plot(x,gg,'k'),title('基于估计带的滑动带
宽算法的密度估计结果')  ;
axis([25,28.1,0,1.4])
hold on
grid on
subplot(2,2,4),plot(x,normpdf(x,m,v),'k'),title('按照
正态分布的参数密度估计结果')  ;
axis([25,28.1,0,1.4])
hold on
grid on
mu1=26.5;sigma1=0.8;mu2=26.95;sigma2=0.2;mu3=27;sig
ma3=0.1;mu4=27.1;sigma4=0.3;
y=normpdf(x,mu1,sigma1)/3+normpdf(x,mu2,sigma2)/6+n
ormpdf(x,mu3,sigma3)/4+normpdf(x,mu4,sigma4)/4;
subplot(2,2,1),plot(x,y,'r');
subplot(2,2,2),plot(x,y,'r');
subplot(2,2,3),plot(x,y,'r');
subplot(2,2,4),plot(x,y,'r');
figure
subplot(1,2,1),plot(x,hopttemp),title('基于估计点的带宽
值');
axis([25,28.1,0,1.4])
```

```
hold on
for i=1:n/nn
    subplot(1,2,2),plot(x(nn*(i-1)+1:i*nn),hopt(i)*ones
(1,nn)),title('基于估计带的带宽值');
    axis([25,28.1,0,1.4])
    hold on
end
hh=h*ones(1,n);
subplot(1,2,1),plot(x,hh,':r');
subplot(1,2,2),plot(x,hh,':r');
```

B　基于最小风险的 Bayes 阈值选取准则算法实例验证程序

```
%实例程序
clc
clear
closeall
loadfaultdata;
x=20:0.01:35.995;
n1=length(fault1);
n2=length(fault2);
w1=zeros(1,n1);
w2=zeros(1,n2);
m1=mean(fault1);
m2=mean(fault2);
c1=std(fault1);
c2=std(fault2);
```

```
mw1=0;
for i=1:n1
    mw1=mw1+exp(-abs(fault1(i)-m1));
end
for i=1:n1
    w1(i)=exp(-abs(fault1(i)-m1))/mw1;
end
mw2=0;
for i=1:n2
    mw2=mw2+exp(-abs(fault2(i)-m2));
end
for i=1:n2
    w2(i)=exp(-abs(fault2(i)-m2))/mw2;
end
y1=zeros(1,length(x));
y2=y1;
for i=1:n1
    y1=y1+w1(i)*normpdf(x,fault1(i),c1);
end
for i=1:n2
    y2=y2+w2(i)*normpdf(x,fault2(i),c2);
end
plot(x,y1,'r')
hold on
plot(x,y2,'k')
hold on
y=normpdf(x,27.6,0.5);
```

```
plot(x,y,'g')
grid on
title('温控电压信号监测的判决结果')
figure
loadtesty128;
testy1(83)=testy1(83)+1;
testy1(160)=testy1(160)+1;
for i=170:200;
    testy1(i)=28.9;
end
n=length(testy1);
plot(1:n,testy1,'-k'),title('ÎÂ∅µçÑ¹DÅ°Å1/4à²âµÄÅD3/
4ö1/2á¹û')
hold on
fok=normpdf(testy1,27.6,0.5);
ffault=normpdf(testy1,29.3,0.6);
q=zeros(1,n);
q(1,1)=0.5;
q(1,2)=0.5;
q(1,3)=0.5;
for i=3:n-1
    if q(i)>=0.99
      q(i)=0.99;
    end
    if q(i)<=0.01
      q(i)=0.01;
    end
```

```
q(i+1)=0.6/(1+(ffault(i)/fok(i))*(1-1/q(i)))+0.4/(1+
(ffault(i-1)/fok(i-1))*(1-1/q(i-1)));
end
w=fok./ffault;
d=((1-q)./q)*8;
p=zeros(1,n);
for i=1:n
    if w(i)>d(i)
        p(i)=1;
    end
    if w(i)<d(i)
        p(i)=0;
    end
end
plot(1:n,q+25,'--k')
hold on
p=p+26;
plot (1:n,p,'k')
hold on
u3=28.4*ones(1,n);
th=29.1*ones(1,n);
plot (1:n,u3,':k')
hold on
plot (1:n,th,'-.k')
hold on
```

C　基于 Bayes 准则的支持向量机相关程序

```
%实例程序
clc;
clear;
closeall;
actfunc =1;
C=20;
l=100;
global p1;
p1=5;
loadexpertdata;
loadbayev;
X=ones(l,2);
for i=1:l
    X(i,1)=expertdataN1000(i);
    X(i,2)=0.5;
end
for i=51:l
    X(i,1)=expertdata1N1000(i);
    X(i,2)=-0.5;
end
for i=76:l
    X(i,1)=expertdata2N1000(i);
end
Y=ones(l,1);
```

```
for i=51:1
    Y(i,1)=-1;
end
tstX=ones(1,2);
for i=1:1
    tstX(i,1)=expertdataN1000(i);
    tstX(i,2)=0.0001;
end
predictedY = ychqsvcfunction (X, Y, tstX, 'rbf', alpha, bi-
as,actfunc);
predictedY2=predictedY;
savepredictedY2 predictedY2;
loadpredictedY1
loadpredictedYy
PY=predictedY2-predictedY1;
D=ones(1,1);
E=ones(1,1);
[A,INDEX]=sort(predictedY1);
B=ones(1,1);
for i=1:1
    B(i)=predictedYy(INDEX(i));
end
for i=1:1
    D(i)=expertdataN1000(INDEX(i));
end
plot(B,'g.')
holdon
```

```
plot(A*10,'r*')
grid on
hold on
plot(D/10)
grid on
 [A,INDEX]=sort(predictedYy);
B=ones(1,1);
for i=1:1
   B(i)=predictedY1(INDEX(i));
end
for i=1:1
   E(i)=expertdataN1000(INDEX(i));
end
figure
plot(B*10,'g.')
hold on
plot(A,'r*')
grid on
hold on
plot(E/10)
grid on
plot(1:1,A,'r.')
hold on
plot(1:1,B,'g.')
grid on
```